# Führen auf Distanz

Susanne Nickel
Gunhard Keil

W0197835

HAUFE.

# Inhalt

**Virtuelles Führen ist Führen – nur anders**     **5**
- Die kleinen, aber feinen Unterschiede     6
- Virtuelle versus traditionelle Teams     14
- Ohne geht es nicht: Vertrauen     21
- Keine Führung ohne Selbstführung     34
- Gibt es den idealen Distanz-Führungsstil?     46
- Erfolgsrelevante Führungskompetenzen     49
- Gehirngerechtes Führen     52
- Das Nickel&Keil-Modell: Ihr Navi beim Führen auf Distanz     57

**Führung übernehmen trotz Distanz**     **63**
- Dienstleistung »Remote Leadership«     64
- Transformationale Führung     67
- Virtuelle Kommunikation in der Mitarbeiterführung     74
- Ziele vereinbaren und erreichen     88
- Effiziente Meetings auf Distanz     94
- Feedback – elementar in der virtuellen Zusammenarbeit     106
- Online delegieren     114
- Mitarbeiter entwickeln und fördern     120
- Konflikte im virtuellen Team     126

**Virtuelle Zusammenarbeit gestalten**     **137**
- Eine Herausforderung: Onboarding und Teambildung     138
- Das virtuelle Team ausrichten     144
- Teamidentität und Wirgefühl stärken     149

- Kreativität und Innovationsfreude fördern    155
- Vernetztes Arbeiten    163
- Das Identifikationsdilemma    172
- Am besten agil!    174
- Objectives and Key Results – ideal für
  Sie als Remote Leader    179
- Die realen Grenzen virtueller Führung    191
- Erfolge feiern    195

**Die Technik meistern**    **197**
- Die richtigen Tools auswählen    198
- Ihre virtuelle Präsenz    204
- Komm auf den Punkt! Klarheit schaffen    213
- Der Bühneneffekt    219
- Die Angst vor dem Neuem    221

**Den neuen Führungsalltag leben**    **229**
- Erfolgsgewohnheiten etablieren    230
- Working Out Loud kompakt    238
- Nicht stehenbleiben! Weiterentwicklung
  für Führungskräfte    243
- Die Elemente einer virtuellen Führungskultur    245

- Stichwortverzeichnis    251
- Die Autoren    254

# Vorwort

Globalisierung und Digitalisierung haben schon längst Einzug in die Unternehmen gehalten. Für viele Menschen ist es ganz normal, mit anderen zusammenzuarbeiten, die nicht im Büro nebenan sitzen, sondern in anderen Städten, Ländern oder gar Kontinenten. Die Corona-Pandemie hat die Arbeit auf Distanz zusätzlich gefördert: Das Homeoffice ist nun nicht mehr ein New-Work-Luxus, sondern die neue Normalität in vielen Unternehmen.

Virtuelles Führen ist angesagt. Für viele Führungskräfte ist das eine große Herausforderung. Denn Führen auf Distanz unterscheidet sich in vielen Punkten vom bisher Bekannten.

Passt das alte Führungsverständnis überhaupt noch? Was brauchen die Mitarbeiter, um online arbeitsfähig zu sein und ihre Motivation nicht zu verlieren? Wie hält man am besten Kontakt zueinander? Wie meistert man gemeinsam technische Hürden? Welche Medien sind wofür geeignet? Wie delegiert man Aufgaben virtuell?

Antworten auf all diese Fragen liefert Ihnen dieser TaschenGuide. Doch nicht nur das: Wir stellen Ihnen nützliche Führungstechniken und -methoden vor und zeigen Ihnen, welches Mindset erfolgreiche Remote Leader auszeichnet.

Begleiten Sie uns in die spannende virtuelle Welt! Wir wünschen Ihnen viel Spaß beim Lesen,

*Susanne Nickel und Gunhard Keil*

# Virtuelles Führen ist Führen – nur anders

Räumliche Entfernungen im Team lassen sich heute gut überbrücken und kompensieren, zumindest in technischer Hinsicht. Doch mit der neuesten Videokonferenz-Software ist es noch nicht getan. Wer sein Team auf Distanz führt, braucht viel mehr, um erfolgreich zu sein.

In diesem Kapitel erfahren Sie u. a.,

- wie sich das klassische Vor-Ort-Führen vom virtuellen Führen unterscheidet,
- warum es ohne Vertrauen und gute Selbstführung nicht geht,
- was Remote Leader erfolgreich macht.

## Die kleinen, aber feinen Unterschiede

Starten wir dieses Buch mit einem Ausflug in die Autowelt: Stellen Sie sich vor, Sie sitzen am Steuer eines tollen Autos. Der Zündschlüssel steckt, der Tank ist voll. Sie müssen also theoretisch nur losfahren. Doch die Realität macht Ihnen einen dicken Strich durch die Rechnung: Sie können nicht Auto fahren. Aus der Traum von der Spritztour mit dem Traumwagen! Wer das Auto fahren nicht beherrscht, wird weder mit einem Oldtimer noch mit einem Formel-1-Wagen zurechtkommen. Was das mit Führen auf Distanz zu tun hat? Viel. Führung auf Distanz ist in erster Linie Führung. Daher gelten auch alle Regeln, Guidelines, Erfolgsrezepte etc., die das Führen erfolgreich machen. Wer also mit Führung auf Kriegsfuß steht, wird es in allen führungsrelevanten Situationen schwer haben, egal ob das Team vor Ort ist oder über den Erdball verstreut.

Der Umkehrschluss gilt allerdings nur eingeschränkt. Wenn jemand erfolgreich ein Onsite-Team führt, bedeutet das längst noch nicht, dass ihm das mit der gleichen Qualität bei einem Team gelingt, bei dem die Mitglieder an unterschiedlichen Standorten leisten, kooperieren, entwickeln, sich um Kundenanliegen bemühen etc.

Es gibt also wesentliche Unterschiede zwischen dem Führen mit physischer Präsenz und dem Führen auf Distanz. Es ist ähnlich wie im Straßenverkehr. Sicherheit ist für alle, die auf den Straßen unterwegs sind, ein wichtiges Kriterium. Um diese Sicherheit überall zu gewährleisten, hat man sich mit anderen Ländern auf einheitliche Verkehrszeichen, Regeln und Standards geeinigt. Die Ampeln und Verkehrsschilder sehen deswegen in Deutschland und England gleich aus – allerdings kommt die potenzielle Gefahr wegen des Linksverkehrs in England von der anderen Seite. Wer diesen Unterschied nicht kennt, bringt sich in größte Gefahr.

Das Gleiche gilt für das Führen auf Distanz: Die Prinzipien sind gleich, dennoch gibt es einige relevante Unterschiede, wie diese Erfolgsprinzipien in der Praxis anzuwenden sind. Wie das gelingt, darauf gehen wir in den folgenden Kapiteln ein.

## Führen, aber wohin?

Ganz einfach gesagt bedeutet Führung, dass jemand sagt, wo es langgehen soll. Von Erfolg gekrönt ist die Führung, wenn die Geführten bereit sind, dann auch auf diesen Weg mitzugehen. Für den Unternehmenskontext übersetzt heißt erfolgreiche Führung, dass eine Führungskraft gemeinsam mit ihrem Team – Primadonnen und Einzelkämpfer gibt es schon lange nicht mehr – Lösungen für Kundenanliegen entwickelt, bereitstellt und dafür sorgt, dass es Ergebnisse im Sinn des Unternehmens gibt. Klingt einfach, ist es aber nicht.

Aus eigener langjähriger Erfahrung wissen wir, dass es eine ganze Reihe an Zutaten braucht, damit das eigene Führungsrezept funktioniert. So vor allem, wenn die Entfernung dazu kommt. Unsere Unternehmen digitalsee und Nickel&Keil haben wir von Beginn an mit virtuellen Teams und Führung auf Distanz entwickelt und gesteuert.

## Was zählt, sind Ergebnisse

In jedem Fall dient Führung also letztlich dazu, dass eine Gruppe von Menschen Ergebnisse liefert. Egal, ob es darum geht, Software zu entwickeln, Projekte zu managen oder erfolgreich die Produkte des eigenen Unternehmens auf den Markt zu bringen – Teams sind dazu da, die gesetzten Ziele zu erreichen.

Ziele sind in jeder Form der Führung ein wichtiges Mittel, um allen Beteiligten und Beitragenden klarzumachen, worum es geht. Denken Sie an die Ziele Ihres eigenen Teams und beantworten Sie für sich folgende Fragen:

- Sind alle Ziele messbar?
- Haben Sie verbindliche Termine vereinbart?
- Ist eindeutig klar, wer wofür zuständig ist?
- Haben Sie sichergestellt, dass alle verstanden haben, worum es geht und was sie jeweils zum Teamerfolg beitragen?

Können Sie stets mit einem Ja antworten, dann gratulieren wir Ihnen! Sie haben bereits die Basisvoraussetzungen für zielorientierte, erfolgreiche Arbeit gesetzt.

Wenn Ihre Ja-Quote weniger hoch ist, heißt es handeln. Sie wissen ja jetzt schon, was Sie zu tun haben: Holen Sie so rasch wie möglich Ihr Team zusammen und stellen Sie sicher, dass alle wissen, worum es geht, was sie bis wann zu tun haben.

Das ist leicht, wenn Sie einfach in den nächsten Raum gehen können, vielleicht sogar im selben Großraumbüro arbeiten. Was aber, wenn Ihre Leute quer im Land verstreut sind oder gar in unterschiedlichen Zeitzonen arbeiten? Dann stehen Sie vor einer deutlich größeren Herausforderung.

Dieser TaschenGuide hilft Ihnen dabei, sie zu meistern. Sie erfahren, wie Sie

- mit der richtigen Anwendung wirksamer Methoden Ihr Team auch über Distanz auf gemeinsame Ziele ausrichten können.

- eine Vertrauenskultur aufbauen, obwohl persönliche Treffen nicht oder nur eingeschränkt möglich sind.

- trotz der räumlichen Entfernung Identifikation und Bindung herstellen.

- auch über Distanz Konflikte lösen.

- Raum für persönliche Entwicklung schaffen, Schwung und Motivation in Ihr Team bringen.

- mit modernen Methoden gemeinsam co-creativ innovative Lösungen entwickeln – auch ohne Präsenz-Workshops und -meetings.

## Managen und Führen

Führung und Management sind nicht dasselbe. Führen auf Distanz ist demnach auch etwas anderes als Managen auf Distanz. Die folgende Tabelle listet typische Tätigkeiten der jeweiligen Kategorien auf.

| Auswahl typischer Management-Tätigkeiten | Auswahl typischer Führungs-tätigkeiten |
|---|---|
| Organisieren | Motivieren |
| Steuern | Coachen |
| Anordnen | Überzeugen |
| Ziele setzen | Ziele vereinbaren |
| Informieren | Im Dialog entwickeln |
| Über Meilensteine führen | Über Sinn und Überzeugung führen |
| Ressourcen bereitstellen | Möglichkeiten schaffen und ermutigen |

Aus der Tabelle lässt es sich bereits ablesen: Es gibt keine erfolgreichen Leader, die Managementaufgaben ausblenden oder vernachlässigen. Führen und Managen hängen voneinander ab. Erst deren Zusammenspiel führt zum Erfolg.

In diesem TaschenGuide beschäftigen wir uns mit dem Führen, denn hier macht Distanz größere Schwierigkeiten als bei Managementaufgaben. Wir möchten damit aber keinesfalls Führung über Management stellen.

## Der Management-Irrtum

Es ist nicht schwer, jemandem über Distanz Anordnungen zu erteilen, was auf welche Weise bis wann zu erledigen ist. Auch sachliche Themen lassen sich via E-Mail, Telefon und Videokonferenz recht gut regeln. Sie können beispielsweise mit einer gut formulierten E-Mail durchaus Klarheit schaffen. Und über kollaborative Plattformen wie Jira, Atlassian und zahlreiche weitere Management-Tools lassen sich Projekte, Aufgaben und Prozesse mühelos und effizient nachverfolgen.

Doch reicht diese fachliche Steuerung aus? Eher sachlich orientierte Führungskräfte und Manager tendieren hier zu einem Ja als Antwort. Ein folgenschwerer Irrtum, denn es muss menscheln:

- Führung braucht Vertrauen. Vertrauen ist der Nährboden für erfolgreiche Zusammenarbeit, das Schmiermittel für gemeinsame Entwicklung und der Klebstoff für Teams, wenn es schwierig wird. Aber Vertrauen ist nun mal ein Gefühl und lässt sich nicht per Edikt verordnen. Stellen Sie sich mal vor, das würde gelingen ... dann reicht es, wenn Sie per Rundschreiben anweisen, dass alle einander und vor allem dem Management zu vertrauen haben (mehr zu diesem Thema in Kapitel »Ohne geht es nicht: Vertrauen«).

- Auch bei Konflikten reicht fachliche Steuerung nicht, schon gar nicht im virtuellen Raum. Jeder, der einmal versucht hat, einen Streit per E-Mail zu schlichten, weiß, dass man damit meist das Gegenteil erreicht: eine Verschärfung des Konflikts, besonders wenn noch viele weitere, bislang unbeteiligte Personen in den CC-Verteiler genommen werden.

- Auch Motivation funktioniert nicht ohne die Gefühlsebene. Insbesondere per Mail, WhatsApp & Co. lässt sie sich nur schwer langfristig aufrechterhalten. Natürlich können Sie damit Aufgaben delegieren und Ziele nachhalten. Aber es wird niemandem gelingen, die Menschen im eigenen Team allein via Organisation und Management dazu zu bringen, die Extra-Meile zu gehen. Wer das per Anordnung versucht, wird vermutlich rasch alleine dastehen und Schiffbruch erleiden.

Sie können nur Menschen führen, die bereit sind, Ihnen zu folgen. Daher bedeutet Führung, andere genau dafür zu gewinnen, dass sie Ihnen folgen. Spätestens hier sollte klar sein, dass ein Schild mit Titel an der Tür zwar hilft – so vor allem in hierarchisch geprägten Organisationen –, aber lange noch nicht ausreicht, um sich die Gefolgschaft seines Teams zu verdienen und damit wirksame Führung zu erlangen.

## Qualität der Führung = Kommunikation x Beziehung

Die Formel aus der Überschrift macht klar, worin die eigentliche Herausforderung beim Führen auf Distanz besteht. Vielleicht kennen Sie das Bonmot »Anwesenheit ist eine mächtige Göttin«. Es geht auf alte Zeiten zurück und steht für die Tatsache, dass jene Berater, die die Chance hatten, in der Nähe des Kaisers zu sein, auch mehr Gehör bekamen und damit mehr Macht hatten. Daran hat sich bis heute nichts geändert. Wer das Glück hat, in der Konzernzentrale nahe an den Schalthebeln der Macht zu sein, wird es leichter haben, Einfluss zu erlangen.

Das Gleiche gilt aber auch in puncto Teams und Mitarbeiter: Wer nahe an Team und Mitarbeitern ist, wird schneller Vertrauen aufbauen und die Gefolgschaft gewinnen. Warum? Weil dank der Präsenz Kommunikation, ständiger Austausch und rascher Abgleich fast täglich möglich oder zumindest viel einfacher sind als auf Distanz. Wenn Sie, um Ihrem Team etwas mitzuteilen, einfach aufstehen und mal schnell was sagen können, weil alle im selben Raum sitzen, ist das wesentlich einfacher, als wenn Sie über verschiedene Standorte und Zeitzonen hinweg einen Gruppen-Call organisieren müssen.

Vor Ort, in der direkten Kommunikation, ist es leichter, zwischen den Zeilen zu lesen. Sie bekommen Stimmungen mit, sehen an einem Stirnrunzeln, ob noch Fragen offen sind oder ob Bedenken bestehen. Ein freudiges Nicken signalisiert Ihnen, dass die Zustimmung ehrlich ist und Sie tatsächlich darauf vertrauen können, dass sich alle für das eben vereinbarte Ziel einsetzen werden.

Beim Führen auf Distanz ist die Wahrnehmung solcher Zwischentöne – je nach Kommunikationsmedium – erheblich eingeschränkt oder nicht möglich. Und genau das führt uns zur großen Herausforderung im virtuellen Raum: Führen auf Distanz gelingt nur, wenn Sie virtuell präsent sind und Führungskommunikation mithilfe der passenden Methoden und Tools so sicherstellen, dass der vordergründige Nachteil keiner mehr ist. Nur auf diese Art und Weise können Sie die Beziehung zu Ihrem Team auch auf Distanz so ausbauen, dass eine vertrauensvolle Zusammenarbeit entsteht, aufrechterhalten und gestärkt wird. Wie das funktioniert, erfahren Sie im Kap. »Ohne geht es nicht: Vertrauen«.

## Virtuelle versus traditionelle Teams

Schauen wir uns an, was virtuelle Teams ausmacht. Virtuelle Teams

- wirken an unterschiedlichen Standorten und Teilen einer Organisation,

- treffen sich gar nicht oder kaum persönlich,

- kommunizieren via Telefon, E-Mail oder online,

- sind Gruppen, die zweckgebunden gemeinsame Ziele verfolgen.

Es gibt also eine zentrale Gemeinsamkeit zwischen virtuellen Teams und traditionellen Teams. Beide sind darauf ausgerichtet, gemeinsam im Dienste des Unternehmens Ziele zu erreichen.

## Alter Hut oder Novum?

Von virtuellen Teams spricht man seit dem Internet-Zeitalter, doch das zugrundeliegende Prinzip des Führens auf Distanz ist uralt. Ein Blick in die Antike zeigt, dass bereits die großen Reiche ihre Methoden entwickelt hatten, um auch abgelegenere Regionen verwalten zu können.

Mit Verwaltung alleine war es jedoch nicht getan. Sie mussten diese Regionen auch führen. Doch wie? Weder Kleopatra noch Augustus konnten schnell mal eine Videokonferenz einberufen. Bis zur Erfindung von Skype, Teams und Zoom sollte es noch 2.000 Jahre dauern.

Doch die Frage, die sich den damaligen »CEOs« stellte, war die gleiche, die auch heutige Führungskräfte umtreibt: Wie kann ich darauf vertrauen, dass meine Mitarbeitenden das machen, was das Beste für das Erreichen der gesetzten Ziele ist?

Die Ägypter behalfen sich dazu der Religion: Der Pharao wurde als Sohn des Sonnengottes verehrt. Ein Führungsprinzip, das viele andere später übernahmen, denn wer widerspricht schon gerne einem allmächtigen Gott? Natürlich funktionierte dieses System nur solange, wie die Untertanen daran glaubten.

Die Römer ließen sowohl in der Republik als auch später in der Kaiserzeit ihre Provinzen durch Statthalter des jeweiligen Machthabers verwalten. Sie statteten diese Führungskräfte mit weitreichender Verantwortung aus, was ihnen ein – nach heutigen Begriffen – leanes Managementsystem erlaubte.

Etwas moderner konzipiert war das immerhin fast 1.000 Jahre später geübte System der Pfalzen im fränkischen Kaiserreich. Sie waren über das Reich verteilt und der Kaiser reiste mit seinem Hofstaat zwischen ihnen hin und her, um über regelmäßige Präsenz alles zusammenzuhalten.

Damit wird deutlich: Führung über Distanz hat eine lange Geschichte. Weder die Globalisierung noch die Corona-Pandemie haben den Bedarf für virtuelle Führung bzw. Führung auf Distanz geschaffen. Sie haben ihn uns nur sehr deutlich vor Augen geführt. Neu hinzugekommen ist aber im Lauf der Zeit eines: die Technik, der virtuelle Raum. Eine Botschaft zu verfassen und zu verschicken dauerte damals noch viele Tage, wenn nicht sogar Wochen oder Monate. Heute erreichen Nachrichten per E-Mail, Messenger-Dienst oder Videokonferenz in Millisekunden ihre Empfänger. Die Geschwindigkeit der Kommunikation hat sich also drastisch erhöht.

Davon profitieren nicht nur Vertriebsorganisationen oder andere Unternehmen, für die die Zusammenarbeit auf Distanz seit jeher Daily Business ist. Für viele andere Unternehmen und Branchen ist die virtuelle Zusammenarbeit mittlerweile die neue Realität geworden. Fakt ist, dass immer mehr Projekte von unterschiedlichen Standorten aus bearbeitet werden,

Abteilungen räumlich voneinander getrennt sind und dennoch vernetzt durch Telefon, E-Mail, Chat und Videokonferenzen. Die zunehmende Globalisierung erfordert es, dass physikalische Distanz, Zeitzonen, Unternehmensgrenzen und sogar kulturelle Unterschiede überwunden werden. Die immer weiter optimierte Vernetzung der Arbeitswelt und die fortschreitende Informations- und Kommunikationstechnologie fordern eine neue Art der virtuellen Zusammenarbeit.

## Zeit ist Geld

Dienstreisen waren stets sehr kostenintensiv. Allein im Jahr 2016 hat die deutsche Wirtschaft 183,4 Millionen Euro dafür ausgegeben – mit steigender Tendenz in den folgenden Jahren, weil Flug- und Bahntickets, Übernachtungen sowie die Taxikosten immer mehr zunahmen. In den Betrag noch nicht eingerechnet waren die Kosten, die der Produktivitätsverlust der Mitarbeiter auf den jeweiligen Reisen mit sich brachte.

Schon immer war klar: Virtuelle Zusammenarbeit ist kostengünstiger und zudem ökologisch gesehen nachhaltiger als die Überwindung von Distanz durch Geschäftsreisen. In welchem Umfang, zeigt auch folgendes Beispiel.

**BEISPIEL: GIGANTISCHE ZAHLEN**

Bereits 2010 wurde von der WWF-Partnerorganisation Carbon Disclosure Project für die USA und Großbritannien eine Studie durchgeführt, die gigantische Zahlen hervorbrachte: Sie prognostizierte Ersparnisse von 19 Mrd. Dollar und eine Verminderung der $CO_2$-Emissionen um 5,5 Mio. Tonnen, wenn bis 2020 Dienstreisen durch Videokonferenzen ersetzt würden.

Allerdings änderte sich trotz dieser Zahlen lange nichts am Reiseverhalten in der Business-Welt: Man jettete eifrig um die Welt, um Kontakt zu halten und alle Mitarbeiter möglichst oft offline zu führen. Erst die Corona-Pandemie 2020 machte das bislang Undenkbare möglich: Nahezu alle Mitarbeiter waren von jetzt auf gleich im Homeoffice, virtuelle Führung war plötzlich das New Normal und es fanden so gut wie keine Geschäftsreisen mehr statt.

Neue Stimmen aus den Konzernen wurden laut. So verkündete die Allianz zum Beispiel, viele ihrer Mitarbeiter dauerhaft ins Homeoffice zu schicken, um ihre Büroflächen auf längere Sicht um ein Drittel zu reduzieren. Ebenso wolle man künftig die Reisekosten um 50 Prozent senken. Pläne, die durchaus vernünftig erscheinen, wenn man sich folgendes Beispiel anschaut.

### BEISPIEL: AUFWAND FÜR EINE DIENSTREISE

Ein Unternehmen hat Niederlassungen in Frankfurt und München. Viele Mitarbeiter reisten bisher regelmäßig zu Offline-Meetings hin und her: 400 Kilometer mit dem PKW in eine Richtung. Die Fahrzeit dafür beträgt circa 5 Stunden. Mit dem Zug sind es ungefähr 3,5 bis 4 Stunden. Hinzu kamen oft noch die Übernachtungskosten und natürlich auch der Produktivitätsverlust am An- und Abreisetag, natürlich immer multipliziert mit der Anzahl der reisenden Mitarbeiter.

Bei einem Online-Meeting sieht das ganz anders aus: Wenn es zwei Stunden dauert, muss man genau zwei Stunden dafür investieren. Kosten für Hotel, Flug, Bahn oder das Auto entfallen. Weitere Produktivitätsverluste der Geschäftsreisenden gibt es nicht. Noch ein Vorteil: Neben den Reisekosten reduzieren sich auch die Kosten für Meetingräume, die nunmehr in geringerer Anzahl benötigt werden.

## Distanzzonen: Wann das Führen auf Distanz beginnt

Der Forscher Edward T. Hall beschäftigte sich mit der Distanz zwischen Menschen. Er unterschied, basierend auf seinen wissenschaftlichen Untersuchungen, zwischen vier fundamentalen Distanzzonen. Sehen wir sie uns einmal näher an, um uns dem Führen auf Distanz anzunähern.

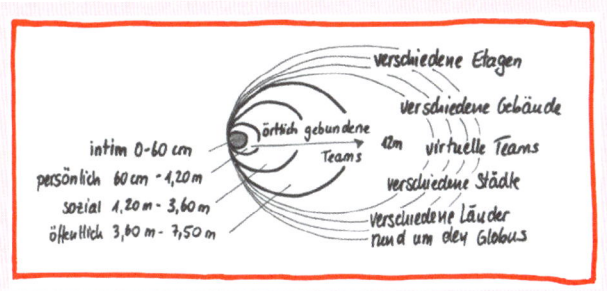

*Distanzzonen*

- **Die Intimsphäre:** Die engste Zone wird auch Intimsphäre genannt. In diese Distanzzone lassen wir nur sehr wenige vertraute Personen. Sie beginnt bei 0 und endet bei 60 Zentimetern. Wenn uns jemand unfreiwillig zu nahekommt, empfinden wir das als Bedrohung und geraten unter Stress. Viele Menschen reagieren auf die wahrgenommene Distanzlosigkeit mit Ablehnung.

- **Die Privatsphäre:** Unsere persönliche Distanzzone, auch Privatsphäre genannt, liegt zwischen 60 Zentimetern und

1,20 Metern. Sie ist Bekannten oder Kollegen vorbehalten. In diese Zone von einer Armlänge Abstand dringen uns fremde Personen beim Begrüßen oder Vorstellen kurzzeitig ein.

- **Soziale Distanzzone:** Sie beträgt zwischen 1,20 und 3,60 Metern und repräsentiert den klassischen Abstand zu Fremden z. B. in öffentlichen Verkehrsmitteln oder Restaurants.

- **Die öffentliche Distanzzone:** Sie umfasst einen Umkreis von mehr als 3,60 Metern bis circa 12 Metern. Dieser Abstand zu anderen Menschen ist für die meisten unproblematisch. Zu viel Nähe ist bei dieser Distanz ausgeschlossen.

Die von Hall entwickelten Zonen dienen als allgemeine Richtlinien für den Abstand zwischen Menschen, die variieren und von vielen Faktoren beeinflusst werden, insbesondere durch die jeweilige Kultur. Erweitern wir diese Zonen bezogen auf unser Thema, dann können wir Folgendes feststellen:

Ab 12 Metern können wir andere Menschen nicht mehr mit allen Sinnen exakt wahrnehmen. Direkte Kommunikation und Nähe sind dann nicht mehr möglich. Wir sind daher auf andere Kommunikations- und Informationsmittel angewiesen, wenn wir miteinander in Kontakt treten wollen. Wir befinden uns dann quasi in einer erweiterten Distanzzone. Sie reicht von geringen Entfernungen ab 12 Metern bis hin zu Entfernungen von mehreren tausend Kilometern.

Wenn sich die Distanz nicht durch einen schnellen Ortswechsel überbrücken lässt, so z. B. wenn Teammitglieder auf verschiedene Städte oder gar Kontinente verstreut sind, wird das Führen auf Distanz zur Regel.

**Reflexion:**

- Wie virtuell ist Ihr Team? Setzen Sie in der Grafik Punkte für jeden Mitarbeiter.
- Bei welchem Mitarbeiter lässt sich die Distanz nicht einfach so aufheben, bei wem ist also Face-to-Face-Kommunikation kaum realisierbar?
- Gibt es Teile Ihres Teams, die sich ohne großen Aufwand auch persönlich begegnen können?
- Wie können Sie das unterstützen?
- Wo können Sie auch echte Präsenz zeigen und wo gilt es, Ihre virtuelle Präsenz als Führungskraft auszubauen (mehr dazu im Kapitel »Ihre virtuelle Präsenz«)?

# Ohne geht es nicht: Vertrauen

Vermutlich gibt es heute fast kein Unternehmen mehr, in dem nicht in irgendeiner Form virtuelle Teams Leistung auf Distanz erbringen. Die Corona-Krise, die das Arbeiten im Homeoffice vom New-Work-Luxus zum Normalfall machte, diente als Katalysator für diese Entwicklung. Wer Mitarbeiter von zu Hause aus arbeiten lässt, braucht vor allem eines: Vertrauen. Doch auch in die andere Richtung muss Vertrauen wirken: Die Mitarbeiter müssen in eine Vertrauenskultur eingebettet sein, die es ihnen möglich macht, sich trotz der Distanz bei Schwierigkeiten an die Führungskraft zu wenden.

## Vertrauen als Wert

Die meisten Unternehmen haben für das Miteinander Werte definiert, die sich in Leitbildern oder Wertekatalogen wiederfinden. Eine Untersuchung von 120 per anonymisierter Google-Suche ausgewählten Leitbildern von Unternehmen unterschiedlicher Größe und unterschiedlicher Branchen ergab folgendes Werte-Ranking.

| Leitbildwert | Nennungen | In Prozent |
|---|---|---|
| Vertrauen | 113 | 94,17 |
| Kundenorientierung | 106 | 88,33 |
| Verantwortung | 93 | 77,50 |
| Sicherheit | 91 | 75,83 |
| Offenheit | 87 | 72,50 |
| Engagement | 82 | 68,33 |
| Nachhaltigkeit | 78 | 65,00 |

»Vertrauen« hat offensichtlich einen sehr hohen, vielleicht den höchsten Stellenwert im Wertekanon von Unternehmen. Es steht sogar deutlich über Kundenorientierung und Verantwortung. Doch Papier ist geduldig. Letztlich kommt es darauf an, dass Vertrauen wirklich gelebt wird im Unternehmen.

### Reflexion: Vertrauen

Wie sieht es bei Ihnen im Unternehmen aus? Ist Vertrauen bei Ihnen ebenfalls als Wert in den Leitbildern Ihrer Organisation verankert? Und: Wird es auch gelebt? Welchen Stellenwert hat Vertrauen bei Ihnen?

## Vernunft oder Gefühl?

Doch was ist Vertrauen? Erst einmal ist Vertrauen eine subjektive Zuschreibung, also eine besondere Qualität in der Beziehung zwischen Menschen, die dazu führt, dass man bereit ist, sich auf den anderen einzulassen und sich auf ihn zu verlassen.

Ist Vertrauen eine rationale oder eher eine emotionale Angelegenheit? Ganz klar etwas Emotionales! Davon waren alle, die wir dazu befragt haben, überzeugt. Und es stimmt: Vertrauen ist ebenso ein Gefühl wie Zuneigung, das Gefühl der Sicherheit, Liebe. Doch Gefühle lassen sich nicht verordnen, auch nicht per Leitbild. Nur in Nordkorea wird per Gesetz verordnet, dass alle den großen Vorsitzenden lieben und verehren. Es wird wohl ein Geheimnis bleiben, ob es dort funktioniert. In westlich orientierten Gesellschaften wissen wir: Die Verordnung von Gefühlen funktioniert nicht.

Vertrauen ist ein Gefühl, das wir Menschen dringend benötigen. Wir streben nach sozialer Zugehörigkeit. Diese aber fühlen wir nur in einer Beziehung oder Atmosphäre, in der wir uns anderen vertrauensvoll öffnen können. Stellen Sie sich vor, keiner Ihrer Kollegen und Vorgesetzten würde Ihnen Vertrauen entgegenbringen. Stellen Sie sich vor, jeder wäre im Umgang mit Ihnen vorsichtig, zurückhaltend. Stellen Sie sich vor, jedes Telefonat wäre begleitet mit vielen Absicherungsschleifen. Jeder, der mit Ihnen zu tun hat, will eine schriftliche Notiz über das, was Sie gesprochen haben. Jedes Wort wird mit Bedacht gewählt, um ja nichts Vertrauliches preiszugeben ... All dies wird vermutlich ein sehr starkes Gefühl der Distanz in Ihnen entstehen lassen.

Was aber noch schlimmer ist: Konstruktive Zusammenarbeit funktioniert nicht in einem Klima des Misstrauens. Sie funktioniert nur, wenn alle Beteiligten sagen können: »Wenn ich mit dir zusammenarbeite, fühle ich mich sicher. Du wirst dich, genauso wie ich, für unsere Aufgabe und unsere Ziele einsetzen. Wenn ich Hilfe benötige, wirst du mich unterstützen. Wenn ich bedroht werde, wirst du mir helfen, mich zu schützen.«

## Schmiermittel, Klebstoff, Nährboden

Dies zeigt: Ohne Vertrauen kann ein Miteinander nicht funktionieren. Egal ob in der Familie, im Freundes-, Bekannten- und Kollegenkreis, im Team oder im Verhältnis zwischen Vorgesetztem und Mitarbeitern: Vertrauen ist der emotionale Nährboden, den soziale Beziehungen brauchen, um gedeihen zu können.

Doch nicht nur das. Vertrauen hat noch einen entscheidenden Vorteil. Es beschleunigt Kooperation. Stellen Sie sich vor, Sie müssten zu Ihrer Absicherung alles Gesprochene und Vereinbarte gegenprüfen, schriftlich festhalten und in Ordnern archivieren, egal ob auf Papier oder am Computer in Bytes. Wie aufwendig wäre das!

## Wie Vertrauen entsteht

Hochglanzprospekte und Fotos von Segelschiffen an den Wänden erinnern vielleicht daran, dass Vertrauen ein wichtiger Wert ist, aber leider reicht das nicht, um Vertrauen entstehen zu lassen.

Das einzige, was das Wachsen des Gefühls von Vertrauen bedingt, unterstützt und begünstigt, ist ein erfolgreicher Kontakt. Das hört sich sehr theoretisch an. Lassen Sie uns das deswegen noch ein wenig mehr ausführen. Ein Kontakt ist erfolgreich, wenn

1. alle Beteiligten das auch so sehen. Man hat beispielsweise gemeinsam etwas erreicht, was man alleine nicht geschafft hätte.

2. der Erfolg für alle relevant ist. Das bedeutet: Alle haben einen Mehrwert dadurch erhalten, alle haben davon profitiert.

Wir haben untersucht, ob erfolgreiche Kontakte so etwas wie eine gemeinsame Struktur haben. Unsere Analyse ergab die folgenden fünf Schritte:

1. **In Beziehung treten:** Der erste notwendige Schritt ist stets, dass alle am Kontakt Beteiligten miteinander Beziehung aufnehmen. Hier geht es um eine Beziehung von Mensch zu Mensch und nicht von Funktion zu Funktion. Es sollte also zunächst immer darum gehen, den Kontakt zwischen den Personen herzustellen, bevor sie ihre Rolle als Käuferin und Verkäufer oder als Führungskraft und Mitarbeiter einnehmen.

2. **Passenden Rahmen wählen:** Im Fokus des zweiten Schrittes steht das Ziel, für eine Umgebung, also einen Rahmen zu sorgen, der einen erfolgreichen Kontakt unterstützt. Ein Konfliktgespräch in der Teeküche wird vermutlich genauso wenig ein Erfolgsrezept dafür sein wie ein vertrauliches Mitarbeitergespräch in einem hektischen Café, bei dem der

Nachbar näher an Ihrem Gesprächspartner sitzt als Sie. Auch der richtige Zeitpunkt ist wichtig. Es macht keinen Sinn, erfolgskritische Gespräche zwischen zwei andere wichtige Termine zu quetschen.

**BEISPIEL: DER FALSCHE RAHMEN**

Eine Führungskraft legte die Abstimmungsrunden in einem wichtigen Projekt immer in die Mittagszeit, um nicht gestört zu werden. Die Folge: Die einen waren hungrig, weil sie es gewohnt waren, Mittag zu essen. Die zwei Halbtagskräfte waren vor allem gegen Ende des Meetings nervös, da sie die Kinder von der Schule abholen mussten. Diese Rahmenbedingungen wirkten stark negativ auf die Ergebnisse. Sie führten dazu, dass bei der gemeinsamen Reflexion die Kontakte als belastend und nicht erfolgreich empfunden wurden.

3. **Inhalte rüberbringen:** Erst wenn der Kontakt von Mensch zu Mensch etabliert ist und die Rahmenbedingungen den Zweck des Kontakts unterstützen, kommt der Inhalt dran, also das, worum es geht. Hier helfen drei einfache Regeln, um zu einem guten Ergebnis zu kommen und damit einen erfolgreichen Kontakt zu verbuchen:

   – **Sammeln vor Bewerten:** Bevor Sie eine Entscheidung treffen oder Inhalte bewerten, sorgen Sie dafür, dass alle relevanten Informationen zur Sprache gekommen sind. Und: Einigen Sie sich auf die Beurteilungskriterien, **bevor** Sie beurteilen.

   – **Gemeinsames vor Trennendem:** Beginnen Sie Gespräche damit, dass Sie sich auf das konzentrieren, was Sie verbindet und eint, also auf die Themen, in denen Sie bereits

Konsens haben. Das sind die inhaltlichen Fundamente, auf denen Sie aufbauen können. Wir haben als Moderatoren und Mediatoren oft Situationen erlebt, in denen es scheinbar nur Differenzen gab. Nachdem wir dann die Frage nach den Gemeinsamkeiten gestellt hatten, kam meist heraus, dass es Konsens in vielen Punkten gab, während sich der Dissens nur auf einige wenige Details oder Aspekte bezog. Unsere Frage führte deswegen auch oft zu einer raschen Einigung.

– **Überblick vor Detail:** Ja, der Teufel liegt im Detail. Dieses Sprichwort hat aber noch eine andere Bedeutung: Denn wer gleich ins Detail geht, ohne zunächst den Überblick zu haben, wird tatsächlich rasch auf den Teufel stoßen, und zwar in Form eines unnötigen Konflikts. Gerade in Expertendiskussionen erleben wir häufig, dass bereits kurz nach Beginn alle Beteiligten mit steigendem Engagement und Ärger im Thema verlorengehen. Sie bewerten die trennenden Details, so z. B., ob im CRM Tool die Spalte X oder die Spalte Y wichtiger ist, anstatt sich zu überlegen, was die User mit dem Tool eigentlich machen wollen und worauf es ankommt, damit sie es nutzen. Stellen Sie also sicher, dass alle Beteiligten erst einen Überblick über das Thema haben, bevor Sie sich auf die Details stürzen. Das hilft bei scheinbar ausweglosen Situationen, eine Lösung zu finden, die für alle Beteiligten tragbar ist.

4. **Vereinbarungen treffen:** Jeder erfolgreiche Kontakt endet mit einer verbindlichen Vereinbarung, wie es weitergeht.

Davon ausgenommen sind natürlich solche Kontakte, in denen es allein ums Wohlfühlen geht. Sie sollte man beim Führen auf Distanz nicht von vornherein ausschließen. Wir nehmen aber an, dass projekt- oder arbeitsbezogene Termine eine höhere Priorität haben. Wer macht was bis wann? Die Antworten darauf bilden den inhaltlichen Abschluss eines erfolgreichen Kontakts.

5. **Erfolge feiern:** Weil das Feiern vor allem im virtuellen Kontext so wichtig ist, haben wir diesem Punkt sogar ein eigenes Kapitel in diesem TaschenGuide gewidmet (siehe Kapitel »Erfolge feiern«). Das Feiern vertieft den erfolgreichen Kontakt. Es betont, dass man gemeinsam etwas erreicht hat und sorgt für Vorfreude auf den nächsten Kontakt.

Vermutlich haben Sie beim Lesen dieser fünf Schritte eigene erfolgreiche Kontakte Revue passieren lassen. Und sicher werden Sie weitgehend Parallelen festgestellt haben. Denn diese fünf Stufen sind das Ergebnis der Analyse zahlreicher erfolgreicher Kontakte und damit ein Erfolgsrezept, das Sie stets anwenden können, um Vertrauen wachsen zu lassen.

## Die Vertrauensformel

Vertrauen lässt sich, ausgehend von den zuvor angestellten Überlegungen, in einer einfachen, schein-mathematischen Formel darstellen: Die Qualität des Vertrauens ergibt sich aus der Anzahl der erfolgreichen Kontakte in einer Zeit, geteilt durch das subjektive Sicherheitsempfinden minus der Vertrauensbrüche hoch 3.

$$\text{Vertrauen} = \Sigma \quad \frac{\text{erfolgreiche Kontakte}}{\text{persönlicher Sicherheitsbedarf}} \quad - \text{ Vertrauensbruch}^3$$

- Die Definitionen von Vertrauen und von erfolgreichen Kontakten haben Sie ja weiter oben schon kennengelernt.

- Das subjektive Sicherheitsempfinden von Menschen ist unterschiedlich. Manche brauchen lange und viele erfolgreiche Wiederholungen, bis sie sich sicher genug fühlen, um Vertrauen zu empfinden. Anderen reichen ein paar Tage und ein paar Wiederholungen. Hier gilt: Je höher der subjektive Sicherheitsbedarf ist, umso länger dauert es, bis es eine stabile Vertrauensbasis gibt.

- Vertrauensbrüche heißen so, weil sie das Vertrauen tatsächlich brechen. Auch hier gilt: Was ein Vertrauensbruch ist und was nicht, ist von Mensch zu Mensch unterschiedlich. Wer allerdings mit Vorsatz Schaden für andere bewirkt oder aus egoistischen Motiven akzeptiert, dass andere im Vertrauensteam einen Schaden erleiden, darf sich nicht wundern, wenn er Vertrauen verliert und auch so schnell nicht wiedererlangt.

## Der differenzierte Vertrauensbegriff

Doch Vorsicht: Ein Mangel an Vertrauen bedeutet nicht notwendigerweise, dass die Beziehung an sich schlecht ist. Stellen Sie sich vor, Sie haben eine 7-jährige Tochter und vor der Haustüre steht Ihr gerade neu gekauftes Auto. Würden Sie Ihrer Tochter das Auto zum Gebrauch überlassen? Natürlich nicht. Was, wenn die Tochter gerade 18 ist, den Führerschein vor drei Monaten gemacht hat und sich laut eigenen Aussagen alleine im Straßenverkehr noch nicht wirklich sicher fühlt? Auch dann vertrauen Sie das Auto Ihrem Kind sehr wahrscheinlich nicht an, obwohl die Beziehung zu Ihrer Tochter sonst gut und vertrauensvoll ist.

Ein anderes Beispiel: Sie haben mehrfach gute Erfahrungen mit einem Installateur sammeln können, der rasch und zuverlässig Ihr Bad und Ihre Küche mit allen notwendigen Anschlüssen versehen hat. Er ist der Handwerker Ihres Vertrauens. Was aber, wenn nun bei Ihrem neuen Auto die Elektronik zu unerwünschten Phänomenen führt? Würden Sie demselben Handwerker Ihr Auto zur Reparatur anvertrauen, oder würden Sie zu einer zertifizierten Werkstätte gehen, die sich auf die Marke Ihres Fahrzeugs spezialisiert hat? Die meisten entscheiden sich hier sicherlich für die zweite Variante.

Diese Beispiele zeigen: In den meisten Lebensbereichen unterscheiden wir genau, wem wir wobei und wie weit vertrauen können. Und das ist auch gut so – alles andere macht keinen Sinn oder wäre zumindest nicht zielführend. Doch leider verfahren viele Unternehmen nicht so, wenn es um Vertrauen geht. Dort wird meist nicht differenziert, sondern per Wertekatalog absolutes oder zumindest nicht genauer spezifiziertes Vertrauen von allen, die dort arbeiten, eingefordert.

## Kontrolle ist gut, Vertrauen ist besser

Nicht zu verwechseln ist angeordnetes Vertrauen mit einem Vertrauensvorschuss. Wer mit einem Vertrauensvorschuss, wir sprechen auch gerne von Zutrauensvorschuss, auf andere zugeht, wird dafür meist belohnt.

Die überwiegende Mehrheit der Mitarbeiter wird das nämlich als Wertschätzung aufnehmen und sich bemühen, dem Vertrauensvorschuss gerecht zu werden. Das bedeutet: mehr Motivation, mehr Engagement und bessere Ergebnisse. Vertrauensvorschuss ist eine Investition in eine Hochleistungskultur. Klar, es kann und wird auch immer wieder welche geben, die das ausnützen, aber soll man deswegen die anderen durch einen Vertrauensvorbehalt »bestrafen«? Die Antwort ist ein klares Nein!

> In einer modernen Hochleistungskultur gilt folgender Satz nicht: Vertrauen ist gut, Kontrolle ist besser. Es ist genau umgekehrt: Kontrolle ist gut, Vertrauen ist besser.

## Vertrauen auf Distanz auf- und ausbauen

Am Anfang dieses TaschenGuides haben wir bereits festgestellt: Virtuelle Führung unterscheidet sich in ihren Grundprinzipien nicht vom klassischen Präsenz-Führen. Allerdings gibt es Unterschiede in der Führungspraxis. Das gilt auch für das Vertrauensprinzip.

Nachfolgend erfahren Sie, wie Sie mit diesen Unterschieden umgehen und wie Sie das Vertrauen im Team auch über die

Distanz stärken und ausbauen und gleichzeitig einen guten Überblick über die Performance im Team behalten.

### Der Vertrauensvorschuss wird wichtiger

Als Distanz-Führungskraft haben Sie wenig oder vielleicht keine Möglichkeit, Ihren Mitarbeitern über die Schultern zu schauen. Sie haben gar keine andere Wahl, als davon auszugehen, dass jeder seinen Job macht.

Natürlich könnten Sie Ihre Mitarbeiter kontrollieren und mithilfe von Tools sogar überwachen. Kontrollaufgaben sollten Sie aber auf das nötige Minimum beschränken. Verwenden Sie Ihre wertvolle Zeit lieber für anderes Zielführenderes. Setzen Sie auf die Stärkung der Eigenverantwortung Ihrer Mitarbeiter. Investieren Sie reichlich Vertrauensvorschuss in Ihr Team.

### Coachen statt kontrollieren

Wenn Sie sich intensiv mit Ihren Mitarbeitern auseinandersetzen und die virtuellen Treffen dazu nutzen, über Effizienzsteigerung zu sprechen, über fachliche und persönliche Entwicklung, werden Sie unvermeidbar einen umfassenden Eindruck bekommen, wo die Stärken Ihrer Mitarbeiter liegen und wo diese noch Unterstützung benötigen. Gleichzeitig stärkt das Ihre Beziehung zu den Mitarbeitern und sorgt für erfolgreiche Kontakte.

### Häufig und kurz, statt selten und lang

Erfolgreiche Kontakte müssen nicht lang sein. Es zählt nicht die Summe der Zeit, die Sie investieren, sondern die Summe der Kontakte. Da bei Präsenztreffen die Anreise meist mit hohem zeitlichem und organisatorischem Aufwand verbunden ist, versucht man, effizient möglichst viele Themen in diese Treffen zu packen. Beim Führen auf Distanz fällt dieser Aufwand nicht an. Die »Rüstzeit« für einen Kontakt, also die Zeit, die es braucht, bis alle im virtuellen Treffen sind, ist sehr kurz: Computer aufklappen, Kommunikationstool starten und los geht es.

Daraus folgt in puncto Vertrauensaufbau Folgendes:

- Achten Sie darauf, dass Ihre Kontakte eher kurz und fokussiert sind. Ideal ist ein Treffen pro Themenkreis.
- Statt eines langen Meetings vereinbaren Sie besser mehrere kurze.
- Achten Sie auf eine regelmäßige Kontaktfrequenz.
- Sorgen Sie dafür, dass es nach jedem Treffen ein Ergebnis gibt.
- Planen Sie Einzelkontakte mit den Teammitgliedern ein, um den Vertrauensaufbau zu ihnen zu fördern und zu vertiefen.

### Reflexion: Vertrauensaufbau

- Wie lange brauchen Sie, bis Sie neuen Mitarbeitern vertrauen, dass sie ihre Arbeit gut machen?
- Wie häufig muss jemand Vertrauenswürdigkeit bewiesen haben, damit Sie ein gutes Gefühl entwickeln?
- Wie häufig sehen und hören Sie einander im Team?
- Wenn Sie von der Präsenzführung zur Führung auf Distanz gewechselt sind: Was haben Sie konkret geändert, um die Kontaktfrequenz zu halten und damit das Vertrauen weiterzuentwickeln?

# Keine Führung ohne Selbstführung

Wir alle haben in unserem Leben schon einmal Führungserfahrung gemacht: Erfahrung mit unserer Selbstführung. Vor allem in schwierigen Situationen brauchen wir Durchhaltevermögen, Disziplin, Fokus und Konzentration – alles Aspekte der Selbstführung. Wer nicht in der Lage ist, sich selbst zu führen, scheitert, wenn es knifflig oder problematisch wird. Doch nicht nur das: Nur wer sich selbst führen kann, kann auch andere führen. Das gilt sowohl in der Face-to-Face-Kommunikation als auch im virtuellen Umfeld.

Gerade in unserer schnelllebigen Zeit mit ihren vielen, nahezu unbegrenzten Möglichkeiten, in der online wie offline viele Reize auf uns einprasseln, ist es für einen virtuellen Leader immens wichtig, sich gut selbst zu führen. Dabei geht es auch darum, die Aufmerksamkeit auf sich selbst zu lenken, den Blick nach innen zu richten.

## Raus aus der Opferhaltung – rein in die Eigenverantwortung

Doch vor der Selbstführung steht immer als allererster Schritt die Übernahme von Eigenverantwortung. Denn ohne die Verantwortung für sein Tun wie auch Unterlassen zu übernehmen, ist Selbstführung nicht möglich.

> Change Leadership und Teamführung heißt, Verantwortung im Außen, für Menschen zu übernehmen. Selbstführung bedeutet: Verantwortung im Innen, also für sich selbst, zu übernehmen.

Jetzt könnten Sie einwenden: »Eigenverantwortung klingt ja ganz gut. Aber ich bin doch zum Teil auch nur Betroffener und kann wenig ausrichten in meiner Position, als kleines Rädchen im Gewinde.« Wir dagegen sagen: Stimmt nicht! Sie können viel tun. Sie brauchen dazu nur das richtige Mindset.

### Das Opfer-Gestalter-Modell: Jammern Sie noch oder handeln Sie schon?
Warum das so ist, erklären wir Ihnen anhand des sogenannten Opfer-Gestalter-Modells von Stephen R. Covey.

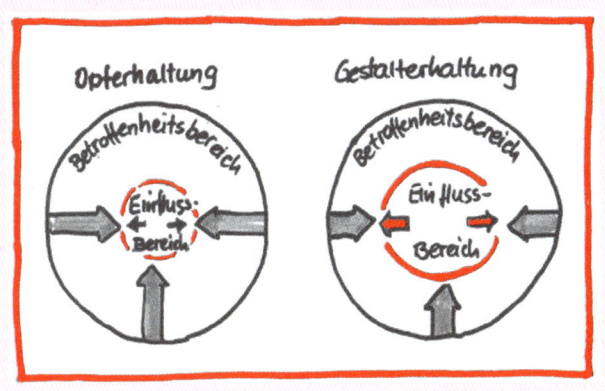

*Das Opfer-Gestalter-Modell*

Das Opfer-Gestalter-Modell unterscheidet zwischen dem Betroffenheitsbereich und dem Einflussbereich.

- Zum **Betroffenheitsbereich** gehören alle Umstände, die direkten Einfluss auf unser Leben haben, ohne dass wir sie jedoch beeinflussen können. Dazu zählen z. B. das Wetter, der Wert des Euros, die Coronakrise oder die Benzinpreise. Auf den ersten Blick können wir daran nichts ändern.

- Dann gibt es noch einen kleinen Bereich in der Mitte des Modells, den **Einflussbereich**. Hier können wir selbst Entscheidungen treffen und unser Leben nach unseren Wünschen gestalten. Wir können handeln und z. B. als Führungskraft andere zum Handeln bewegen.

Worauf fokussieren Sie sich überwiegend: auf Aspekte im Betroffenheitsbereich oder auf Dinge im Einflussbereich? Menschen in der Opferhaltung sind vor allem konzentriert auf Dinge, die nicht zu ändern sind. Sie ärgern sich darüber und resignieren früher oder später, weil sie feststellen, dass sie keine Hebel in der Hand haben, etwas zu bewegen.

**BEISPIEL: OPFERHALTUNG**

Auf die Benzinpreise haben Sie keinen Einfluss. Sie können sich darüber ärgern. Das wird die Preise jedoch nicht verändern.

Die spannende Frage ist nun, wie es gelingt, aus der Opferrolle herauszukommen. Wir raten Ihnen: Machen Sie sich auf die Suche nach Ihren Handlungsspielräumen. Menschen, die ihre Handlungsspielräume, auch wenn sie noch so klein sind, erkennen und aktiv nutzen, werden vom Opfer zum Gestalter.

Die Folge: Der Einflussbereich wird immer größer, denn interessanterweise wächst genau der Bereich, auf den wir uns fokussieren.

## BEISPIEL: GESTALTERROLLE

Sie können zwar die Benzinpreise nicht ändern. Sie haben aber trotzdem einen Handlungsspielraum und können in Ihrem Alltag Einfluss nehmen: Denn Sie haben die Option, das Auto stehen zu lassen und dafür mit dem Fahrrad zu fahren oder zu Fuß zu gehen oder öffentliche Verkehrsmittel zu nutzen.

Wir können uns in jeder Situation fragen: Wie ist mein Gestaltungsspielraum hier? Was kann ich tun?

Doch nicht nur Sie selbst sollten diesen Mindset-Change trainieren, auch Ihre Mitarbeiter. Denn auch deren Eigenverantwortung ist gefragt. Gerade in der virtuellen Zusammenarbeit ist Eigenverantwortung seitens der Mitarbeiter sehr relevant, damit Sie mit einem exzellenten Team die gesetzten Ziele erreichen können. Hier sind Sie als Führungskraft gefordert: Fördern Sie die Eigenverantwortung Ihrer Teammitglieder. Besonders wichtig ist das, wenn viele aus Ihrem Team im Homeoffice arbeiten. Während es in einer traditionellen Büroumgebung immer auch die disziplinarische und soziale Kontrolle seitens anderer gibt, bedarf es im Homeoffice anderer Mechanismen. Fehlt die externe Kontrolle, erfordert das in einem ersten Schritt die Reflexion und Übernahme von Eigenverantwortung für die eigene Arbeit im neuen Kontext.

Hängen Sie ein Poster zum Opfer-Gestalter-Modell im Meeting-Raum auf oder laden Sie es auf das virtuelle Whiteboard. Nutzen

Sie das Modell als virtuelles Hintergrundbild oder zeigen Sie es bewusst jedes Mal als Hinweis und Anker vor jedem Meeting. Gerade in schwierigen Situationen kann das sehr hilfreich sein, um Probleme gemeinsam anzugehen: Sehen wir nur den Kreis außen und fühlen uns als Opfer oder gelingt es uns auch, die Gestalter-Perspektive für unseren kleinen Bereich einzunehmen?

## Die Schlüsselelemente erfolgreicher Selbstführung

Unser höchstes Gut sind wir selbst, unsere eigenen Ressourcen: Doch wie gehen wir mit uns selbst um? Wie führen wir uns selbst? Schaffen wir es, unsere Ziele zu erreichen? Gelingt es uns, uns selbst zu motivieren und die gewünschten Ergebnisse zu erzielen?

Wer Teams führt, ist gut beraten, seine Teammitglieder möglichst gut kennenzulernen, um sie besser einschätzen zu können. Das Gleiche gilt bei der Selbstführung: Sie fällt umso leichter, wenn man sich seiner selbst bewusst ist und sich möglichst gut einschätzen kann.

Für eine erfolgreiche Selbstführung sind vier Schlüsselelemente relevant.

### Element 1: Selbstdisziplin
Selbstdisziplin bedeutet, durch stetiges selbstkontrollierendes Verhalten, Anstrengungen aufzuwenden, um seine Ziele zu erreichen. Übersetzt in den Führungsalltag kann das beispielsweise heißen, mittels Selbstmanagement Strukturen zu schaffen

und sich an diese mittels Selbstbeherrschung auch zu halten. Strukturen sind sehr hilfreich, insbesondere in unsicheren Zeiten. Sie geben Halt im Ungewissen. Viele haben während der Coronakrise im Homeoffice erfahren, wie wichtig es ist, seinen Tag strukturiert zu gestalten und sich diszipliniert an diese Struktur zu halten.

Zur Selbstdisziplin gehört es auch, unangenehme, aber dennoch wichtige und notwendige Aufgaben zu erledigen, so z. B. ein schwieriges Mitarbeitergespräch zu führen oder dem Team negative Nachrichten zu überbringen.

Auch das Durchhalten ist ein Faktor der Selbstdisziplin, ob es nun um ein neu gestartetes Hobby geht wie das Joggen oder um schwierige berufliche Situationen.

> Mit Selbstdisziplin sind wir in der Lage, uns einen klaren Fokus zu bewahren, auch wenn es mal schwer wird. So behalten wir unsere Ziele im Blick, ohne uns davon ablenken zu lassen.

## Element 2: Selbsterkenntnis

Kennen Sie Ihre Stärken und Ihre Schwächen? Selbsterkenntnis ist die Kompetenz, sich selbst zu reflektieren und seine eigenen Fähigkeiten und auch Fehler richtig einzuschätzen. Was tragen Sie zum großen Ganzen bei? Wo sehen Sie sich gerade? Was könnten Sie noch besser machen? Was ist ausbaufähig? Was könnten Sie selbst tun, um das Team und die Organisation in einer schwierigen Situation zu unterstützen? Wer sich immer wieder selbstkritisch hinterfragt und seine eigenen Standpunkte und Handlungen auf den Prüfstand stellt, fördert nicht nur die eigene Entwicklung, sondern auch die seines Teams. Einfach ist das nicht, denn oft ist uns gar nicht bewusst, warum wir nach einem bestimmten Muster handeln oder denken. Jeder Mensch hat seine eigenen blinden Flecken. Das sind Verhaltensweisen, die andere an uns wahrnehmen, wir selbst jedoch nicht. Das können z. B. arrogant wirkendes Auftreten oder körpersprachliche Gewohnheiten wie ständiges Stirnrunzeln sein.

Hier hilft Feedback von außen. Damit können wir unser Selbstbild mit dem Fremdbild abgleichen, das andere von uns haben. Ebenso unterstützt intensive Selbstreflexion dabei.

### Übung zur Stärkung der Selbstreflexion

Gehen Sie abends im Bett den hinter Ihnen liegenden Tag in Gedanken rückwärts durch. Beginnen Sie mit den Geschehnissen am Abend und enden Sie mit dem Morgen. Reflektieren Sie danach: Was ist Ihnen gut gelungen? Was hätte besser laufen können?

### Element 3: Selbstvertrauen

Selbstvertrauen zu haben bedeutet, dass wir nicht an uns selbst zweifeln, dass wir in unsere Kräfte und in unsere Fähigkeiten vertrauen. Selbstvertrauen führt zu mutigen Handlungen. Vor allem in unsicheren und ungewissen Zeiten des Wandels braucht es mutige Chefs, die auch ihre Mitarbeiter bestärken und ermutigen.

Bezogen auf virtuelle Führung meint Selbstvertrauen, die notwendigen Kompetenzen und die richtige Haltung zu haben, um auf Distanz Ziele zu erreichen und Ergebnisse zu liefern. Habe ich das Selbstvertrauen, die Entscheidung zu fällen und umzusetzen? Traue ich mir zu, mein Team erfolgreich durch schwierige Situationen zu führen?

Der Grad unseres Selbstvertrauens fußt auf unserer eigenen persönlichen Geschichte, die geprägt ist von unseren Bezugspersonen in unserer Kindheit und den Erfahrungen in Schule, Ausbildung und Beruf. Wem als Kind permanent vermittelt wurde: »Das schaffst du bestimmt nicht!«, hat oft auch im Erwachsenenalter ein geringes Selbstvertrauen. Allerdings lässt sich Selbstvertrauen auch später noch trainieren und ausbauen.

Eine Trainingsmöglichkeit ist, sich Dinge vorzunehmen, die man dann auch wirklich umsetzt und immer weiter ausbaut. Mit der Zeit gelingt es so, sich immer mehr selbst zu vertrauen. Am besten, man sucht sich dafür etwas aus, was man ohnehin schon immer mal verwirklichen wollte. Wichtig ist, dass man eine Abmachung mit sich selbst eingeht, die man dann auch wirklich einhält. Überfordern Sie sich dabei jedoch nicht. Starten Sie in kleinen Schritten. Sind diese mit Erfolg gemeistert, nehmen Sie sich die nächste Stufe vor. Sie werden sehen: Mit jeder gemeisterten Stufe wächst Ihr Selbstvertrauen.

### Element 4: Selbstfürsorge
Fürsorglich mit sich selbst umgehen – das ist Selbstfürsorge. Wer so handelt, schont seine Kräfte und sorgt trotz allem Stresses für Regenerationsphasen. Selbstfürsorge beginnt mit der

Entscheidung, wertschätzend mit sich selbst umzugehen, die eigenen Bedürfnisse zu achten und damit sich selbst in den Fokus zu nehmen, vor allem und gerade, wenn die Umstände schwierig sind.

In der heutigen Zeit wird Führungskräften und auch Mitarbeitern viel abverlangt. Besonders belastend für viele waren beispielsweise die Coronakrise und die mit dem Lockdown notwendig werdende Verlagerung des Arbeitsmittelpunkts ins Homeoffice. Verunsicherung und Angst machten sich breit, es herrschte Ausnahmezustand. Die Betroffenen passten sich den neuen Umständen an und änderten ihr Verhalten, um der neuen Situation gewachsen zu sein. Man war plötzlich »always on« im jederzeit präsenten Homeoffice-Büro. Schnell kam es zu vielen Überstunden und die zuvor schon hohe Arbeitsbelastung nahm neue Dimensionen an. Bei anderen war genau das Gegenteil der Fall: Sie fielen in ein Loch, weil plötzlich gar nichts mehr zu tun war. Allen fehlte es an Bewegung und wirklicher Begegnung.

Auch wenn die Coronakrise sicherlich ein besonders krasses Beispiel für belastende Situationen ist – während unserer aktiven Arbeitsphase werden uns noch einige solcher Herausforderungen begegnen. Was brauchen wir in diesen Situationen, um uns zu stärken und stabil zu bleiben? Das Rezept lautet: Selbstfürsorge statt Selbstoptimierung. Das heißt: Drücken Sie die Stopp-Taste, wenn Sie sich mal wieder selbst ausbeuten. Sorgen Sie stattdessen gut für sich. Folgende Reflexionsfragen können Ihnen dabei helfen.

**Reflexion: Mehr Selbstfürsorge**

- Was tut mir gut?
- Welche Bedürfnisse habe ich?
- Wie kann ich mich gut regenerieren?
- Was hilft mir bei Dauerstress?

Schützen Sie sich vor Stresserkrankungen, wie z. B. einem Burn-out. Das funktioniert auch mit kleinen Selbstfürsorge-Maßnahmen:

- Sagen Sie Nein zum 20. Auftrag.
- Nehmen Sie sich immer wieder ganz bewusst kleine persönliche Auszeiten in der schwierigen Situation.
- Spüren Sie in sich hinein, was Ihnen gerade guttun würde.
- Wiederholen Sie Dinge, die Ihnen guttun, und machen Sie sie zum Ritual.

> Nur mit Selbstfürsorge gelingt es Ihnen, in der Kraft zu bleiben und dauerhaft leistungsfähig zu sein.

## Ihre persönliche Stabilität liegt in Ihrer Hand

Unsere Identität lässt sich nach dem deutschen Psychologen Hilarion Petzold in fünf Säulen gliedern. Diese fünf Säulen der Identität sollten stabil stehen, damit wir seelisch ausgeglichen sind. Jede Säule bildet einen Bereich. Als einfache Metapher dafür können wir unsere Hand mit den fünf Fingern nutzen. Die Finger sind bei jedem Menschen unterschiedlich stark ausgeprägt. Ebenso verhält es sich bei unserer Identität. Harmonieren die Proportionen, so bilden die Bereiche eine solide Grundlage unserer Identität.

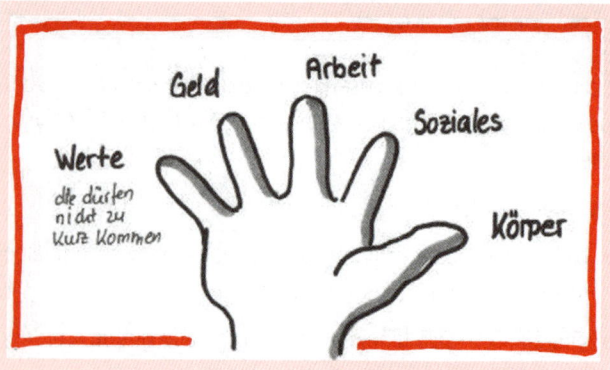

- **Körper:** Er symbolisiert das Gesundsein im engeren Sinne, das Gefühl, körperlich unversehrt und leistungsfähig zu sein.

- **Soziales:** Es steht für Beziehungen und das soziale Netz, in dem wir verwoben sind. Bei Arbeitslosigkeit ist dieser Bereich beispielsweise stark betroffen, weil Arbeit auch den Großteil unserer täglichen sozialen Kontakte definiert.

- **Arbeit:** Unsere Arbeit und unsere Leistung strukturieren unseren Tag und die Zeit und geben uns das Gefühl, eine Bedeutung in der Welt zu haben, in der wir leben.

- **Geld:** Geld steht für Sicherheit: Kann ich mir meine Wohnung leisten? Kann ich von meiner Arbeit leben und für die Zukunft vorsorgen?

- **Werte:** Werte und Sinn können, vor allem in beruflicher Hinsicht, eine Krise auslösen. Nämlich dann, wenn wir sie in dem, was wir tun, nicht leben können – wenn unsere berufliche Tätigkeit nicht zu unserer Persönlichkeit und Identität passt.

In Veränderungsprozessen, also auch beim Übergang vom Onsite-Führen zum virtuellen Führen, sind unter Umständen ein oder mehrere dieser persönlichen Bereiche der Identität nicht mehr stabil. Als Führungskraft sollten Sie alle Säulen im Blick haben und darauf achten, dass keine davon zu kurz kommt. Das gilt nicht nur im Hinblick auf Sie selbst, sondern auch zugunsten Ihrer Mitarbeiter. Meist handeln Mitarbeiter eher reaktiver als Führungskräfte. Sie verfügen zudem jeweils über einen unterschiedlichen Reifegrad, was die eigene Selbstführung und Selbstfürsorge betrifft. Auf Distanz, ohne persönlichen Kontakt, ist es schwieriger zu erkennen, wann Mitarbeiter sich zu viel zumuten oder sich gar selbst ausbeuten. Als Chef wandeln Sie hier auf einem schmalen Grat zwischen der Fürsorgepflicht gegenüber dem Mitarbeiter und Ihrem Interesse an Ergebnisoptimierung. Als gute Führungskraft haben Sie die Identitätsbereiche Ihrer Mitarbeiter im Blick – ohne sich aufzudrängen oder die Grenzen der Privatsphäre zu überschreiten. Ein schwieriger Balanceakt, der aber zu meistern ist, wenn Sie sich Zeit nehmen für Ihre Mitarbeiter, um einzelne Aspekte situativ passend anzusprechen.

# Gibt es den idealen Distanz-Führungsstil?

Virtuelle Führung wird in unserer globalisierten Welt immer wichtiger. Gibt es vielleicht auch einen speziellen Führungsstil, der sich dafür eignet, oder gar einen eigenen Distanz-Führungsstil?

Über Führungsstile wurde und wird immer noch viel geforscht und geschrieben. Sie offenbaren sich in den verschiedenen Verhaltensweisen von Führungskräften und zeigen damit deren allgemeine Handlungsmaximen im Sinne eines übergeordneten Verhaltensmusters. Ein Modell, das bereits 1958 entwickelt wurde, zeigt die Bandbreite von Führungsstilen zwischen den zwei Polen der autoritären und der demokratischen Führung. Anhand dieses Kontinuum-Modells von Robert Tannenbaum und Warren H. Schmidt lassen sich die Kriterien für Führung näher beleuchten.

| Entscheidungsspielraum des Vorgesetzten | | | | | Entscheidungsspielraum der Gruppe | |
|---|---|---|---|---|---|---|
| Autoritärer Stil | | Konsultativer Stil | Partizipativer Stil | | Kooperativer Stil | |
| Mittun | Mitwissen | Mitdenken | Mitempfehlen | Mitberaten | Mitentscheiden | Autonom entscheiden |
| | | | | | | |
| Autoritär | Patriarchalisch | Beratend | Konsultativ | Partizipativ | Demokratisch | |

- **Autoritär:** Vorgesetzter ordnet an und Mitarbeiter führen aus.

- **Patriarchalisch:** Vorgesetzter entscheidet allein und ist bestrebt, die Mitarbeiter zu überzeugen.

- **Beratend**: Vorgesetzter entscheidet allein, lässt sich zuvor beraten und gestattet Fragen.

- **Konsultativ:** Vorgesetzter informiert Mitarbeiter und bittet sie, ihr Meinungen zu äußern. Er berücksichtigt die Meinungen, entscheidet dann aber allein.

- **Partizipativ:** Die Mitarbeiter entwickeln gemeinsam Lösungsvorschläge. Der Vorgesetzte entscheidet sich für die von ihm favorisierte Lösung.

- **Demokratisch in der Variante** »**Mitentscheidung**«: Der Vorgesetzte erläutert den Mitarbeitern den Entscheidungsspielraum; die Gruppe entscheidet innerhalb dieses Spielraums.

- **Demokratisch in der Variante** »**Autonomes Entscheiden**«: Die Gruppe entscheidet. Der Vorgesetzte moderiert und koordiniert.

Bei näherer Betrachtung dieses eindimensionalen Modells erkennen wir, dass sich der Entscheidungsspielraum der Mitarbeiter auf der Achse von links nach rechts im Modell immer weiter vergrößert. Ebenso nimmt in der gleichen Richtung der Grad an notwendigem Vertrauen zu. Der Grad an Kontrolle nimmt hingegen von links nach rechts ab.

Natürlich ist jeder der oben genannten Führungsstile sowohl remote als auch vor Ort anwendbar. Ein Kontrollfreak kann mithilfe der geeigneten Online-Tools die einzelnen Leistungsschritte der Teammitglieder bis ins kleinste Detail nachverfolgen. Anordnungen und Weisungen lassen sich per Mail sicherer und nachweisbarer kommunizieren als mündlich im Vier-Augen-Gespräch. Ein partizipativer oder demokratischer Führungsstil ist sowohl vor Ort als auch auf Distanz möglich.

Wer virtuell führt, muss jedoch loslassen und vertrauen können. Leader mit einem hohen Kontrollbedürfnis fällt das Führen auf Distanz schwerer. Nicht Kontrolle und Autorität, sondern Commitment und Partizipation schaffen Motivation. Das gilt umso stärker im virtuellen Bereich. Und sind wir mal ehrlich: Was bringt Kontrolle denn überhaupt? Wir sollten uns auf diejenigen Mitarbeiter fokussieren, die leistungsbereit sind, und nicht auf die 10 Prozent, die das System ausnutzen wollen und die man ohnehin nicht oder nur mit großem Energieaufwand beim Nichtstun erwischt. Also lieber Vertrauen für alle und ein daraus resultierender Motivationsschub als demotivierende Kontrolle ohne nennenswerte Erfolge bei den Zielen. Hinzukommt, dass Kontrolle auch nicht mehr zeitgemäß ist. Die Bedürfnisse der Mitarbeiter haben sich im Lauf der Zeit geändert. Führungskräfte sollten dies berücksichtigen. Warum? Damit ihre Mitarbeiter ihren Job machen, nicht nur irgendwie, sondern sehr gut. Das tun sie langfristig nämlich nur, wenn ihre Bedürfnisse erfüllt sind.

> Führungsstile, die sehr von Kontrolle geprägt sind, sind für das Führen auf Distanz nicht geeignet. Am meisten gesehen und abgeholt fühlen sich Mitarbeiter, wenn Führungskräfte auf Vertrauen, Partizipation und Eigenverantwortung setzen.

## Erfolgsrelevante Führungskompetenzen

Gute Führungskräfte verfügen über ein umfangreiches fachliches Wissen sowie über Prozess- und Methodenkompetenzen. Sie können andere integrieren, sind sozial kompetent und empathisch. Doch dieser Pool an Kompetenzen reicht im virtuellen Raum noch nicht aus. Wer auf Distanz führt, braucht noch mehr, um erfolgreich zu sein.

| Fachkompetenz | Prozess- und Methodenkompetenz | Soziale Kompetenz | Integrative Kompetenz | Selbstkompetenz | Technische Kompetenz | Virtuelle Präsenz |
|---|---|---|---|---|---|---|
| Wie stark ist die FK fachlich? Die Auswahl der FK geschieht oft aufgrund der Fachkompetenz. Als FK selbst treten andere K. in den Vordergrund. | Welche Prozesse und Methoden stehen der FK zur Verfügung? Hierzu zählen solche zur Zielfindung, Planung, Koordination, Organisation, Steuerung, Entscheidungsfindung und Kontrolle von Ergebnissen. | Wie kommuniziert die FK? Hierzu zählen klare Aussagen, Zuhören, Empathie, Feedbacktechniken für Lob und konstruktive Kritik und gute Teamführung. | Wie gestaltet die FK Schnittstellen zu Kunden, Mitarbeitern, Abteilungen und Geschäftsbereichen? Hierzu zählt auch Konfliktmanagement. | Wie führt die FK sich selbst? Dazu zählt die Übernahme der Verantwortung für sich selbst: Selbstmotivation, Zeitmanagement Arbeitsorganisation und die persönliche Weiterentwicklung. | Wie gut kennt sich die FK mit den technischen Möglichkeiten aus? Auswahl und Beherrschung technischer Tools für virtuelle Führung und kooperationstools. Gespür für technische Vorbehalte der MA. | Wie stark ist die virtuelle Präsenz der FK ausgeprägt? Hierzu zählen Ausprägung der virtuellen Marke der FK und ihre soziale Medienpräsenz. Habitus mit Kamera und Co. |

Im virtuellen Raum ist es besonders wichtig, dass eine Führungskraft über soziale sowie integrative Kompetenz verfügt. Nur mithilfe dieser Fähigkeiten kann sie die räumliche Distanz und deren Auswirkungen auf Team und Mitarbeiter kompensieren. Oben war es schon angeklungen: Menschen streben nach sozialer Zugehörigkeit. Über die Distanz kann diese nur hergestellt und aufrechterhalten werden, wenn der virtuelle Leader Beziehungspflege betreibt und das Team trotz unterschiedlicher Standorte und erschwerter Kommunikation zusammenhält. Das erfordert auch eine besondere Klarheit im Hinblick auf Vision und Ziele.

Eine weitere notwendige Kompetenz kommt beim Remote Leader dazu: die technische Kompetenz. So mancher steht mit der Technik auf Kriegsfuß und betrachtet sie als notwendiges Übel. Doch keine Sorge, Sie müssen kein Technikfreak oder gar Nerd sein, um einen guten virtuellen Leader abzugeben. Solide Grundkenntnisse reichen aus. Und Sie sollten wissen, wen Sie fragen können.

Eng verbunden mit der technischen Kompetenz ist die Fähigkeit, auch virtuell Präsenz zu zeigen: Wie werden Sie von Ihren Mitarbeitern bei Meetings wahrgenommen? Was nehmen diese überhaupt wahr von Ihnen? Schaut und hört man Ihnen virtuell gerne zu? Haben Sie gar für sich selbst bereits eine Art virtuelle Marke entwickelt? Weil dieser Themenkomplex so wichtig ist, haben wir ihm ein Extra-Kapitel in diesem TaschenGuide gewidmet (siehe das Kapitel »Ihre virtuelle Präsenz«).

# Gehirngerechtes Führen

Neurowissenschaftler und Psychologen haben im Lauf der Zeit mittels Studien Erkenntnisse gesammelt, die auch Ihnen als virtual Leader zugutekommen. Nutzen Sie das Wissen um neurobiologische und psychologische Prozesse ganz gezielt, um die Stimmung im Team zu verbessern, Vertrauen weiter auszubauen und die gemeinsame Bindung zu stärken.

## Das Bindungshormon

Ein gutes Arbeitsklima braucht Vertrauen. Und Vertrauen wiederum braucht Bindung und Begegnung. Allein durch die Anwesenheit eines sympathischen Menschen im gleichen Raum wird in unserem Gehirn Oxytocin, das Bindungshormon, aktiviert. Es sorgt in Kombination mit weiteren Hormonen dafür, dass wir soziale Beziehungen eingehen und Vertrauen zu anderen fassen können. In Verbindung mit Nervenzellen, den sogenannten Spiegelneuronen, hat es auch noch eine andere Wirkung: Wir können uns besser in andere Menschen hineinversetzen und nachfühlen, was sie fühlen, also Empathie empfinden.

Wie schaffen wir es, dass unser Oxytocinspiegel steigt? Ganz einfach: Das Lächeln eines anderen, ein nettes Schulterklopfen reichen schon dafür. Sitzt oder steht man sich von Angesicht zu Angesicht gegenüber, ist das besonders leicht. Es lohnt sich also immer, wenn es irgendwie möglich und aufwandsgerecht erscheint, dass Teams oder Teile von Teams sich persönlich begegnen. Persönlicher positiver Kontakt stärkt zweifelsohne die Bindung. Allerdings ist das in der virtuellen Zusammenarbeit nicht immer möglich.

Die gute Nachricht für virtuelle Chefs ist: Die Oxytocin-Produktion lässt sich auch ohne Face-to-Face-Begegnung ankurbeln, und zwar mit ein paar psychologischen Kenntnissen:

- **Schritt 1 – genaues Beobachten:** Zunächst ist genaues Beobachten angesagt. Wie reagiert der Mitarbeiter? Wie tickt er? Welche Verhaltensweisen führen zu welchen Emotionen? Was lässt seine Augen strahlen, worauf reagiert er mit Ablehnung? Das gilt natürlich sowohl in der Online- als auch in der Offline-Zusammenarbeit. Doch über die Distanz hinweg sind die Verhaltensweisen und die emotionalen Reaktionen schwieriger zu erkennen. Das Beobachten erfordert mehr Anstrengungen von Ihnen als in der persönlichen Begegnung. Es gilt wachsam zu sein für subtile Signale.

- **Schritt 2 – emotionale Resonanz herstellen:** Nun geht es darum, ganz gezielt für einen hohen Oxytocin-Spiegel bei den Mitarbeitern zu sorgen. Menschen, die individuelle Wertschätzung und Anerkennung erfahren, produzieren Oxytocin. Daneben assoziiert ihr Gehirn künftig mit dem Absender der Wertschätzung positive Gefühle. All dies stärkt die Beziehung – offline wie online.

## Pacing: Ähnlichkeit schafft Resonanz

Besonders gut lässt sich Bindung mit der sogenannten Pacing-Technik aufbauen. Sie sorgt dafür, dass wir mit anderen möglichst schnell in emotionale Resonanz treten können. Pacing ist ganz einfach: Sie spiegeln dabei die Mimik, Gestik und Körperhaltung des Gegenübers. Sie ahmen sie sozusagen nach – natürlich möglichst unauffällig. Dies signalisiert dem Unterbewusstsein des anderen: »Da ist jemand, der mir ähnlich ist.« Diese Ähnlichkeit führt automatisch dazu, dass uns unser Gegenüber gleich viel sympathischer ist. Im virtuellen Kontext lässt sich die Pacing-Methode ebenfalls gut einsetzen, am besten natürlich bei Videokonferenzen, in denen Sie Ihren Gesprächspartner hören und sehen können.

Eine nicht minder wichtige Technik ist das wertschätzende Zuhören. Wertschätzung zeigen wir anderen, indem wir ihnen aufmerksam zuhören und daneben keine anderen Dinge tun, wie z. B. E-Mails lesen. Wer aufmerksam zuhört, sendet dem anderen normalerweise laufend kleine Signale, dass er zuhört. Einige nennen solche Äußerungen wie »Aha«, »Hm«, »Ah ja ...« auch soziales Grunzen. Nicken wir dabei, lächeln wir oder fragen wir interessiert nach, haben wir bereits die Sympathie unseres Gegenübers gewonnen. Die Tür zum Vertrauen unseres Gesprächspartners ist damit schon halb offen. Via Bildschirm sind die Zuhör-Signale natürlich auch möglich, jedoch etwas eingeschränkt. Daher sollten Sie sie auch deutlich wahrnehmbar einsetzen.

> Schauspieler im Theater müssen ihre Stimme trainieren und verstärken, damit sie auch in der letzten Reihe gehört werden. Virtual Leader haben ein vergleichbares To-do: Sie müssen verstärkt in emotionale Resonanz mit ihren Mitarbeitern treten, um die Bindung zu ihnen zu stärken. Wir nennen das auch virtuelle Empathie.

## Nicht unterschätzen: Blickkontakt

Auch der Blickkontakt entscheidet darüber, ob wir eine Begegnung als positiv oder als negativ empfinden. Ein unfreundlicher, bedrohlicher Blick kann im Gehirn des Gegenübers starke Emotionen wie z. B. Furcht oder Aggression auslösen. Pokerfaces in Videocalls, die keine Gemütsregung verraten, blockieren quasi die emotionale Resonanz. Sie verunsichern den Gesprächspartner. Lächeln hingegen beruhigt ihn. Lächelnde Menschen empfinden wir als sympathisch. Also ganz klar: Lächeln Sie in die Kamera!

> Doch Achtung: Ihr Lächeln muss authentisch sein. Menschen registrieren sofort, wenn das Strahlen ihres Gegenübers nur aufgesetzt ist.

## Je vertrauter, desto sympathischer

In Studien haben Wissenschaftler Verblüffendes herausgefunden: Je häufiger wir jemanden sehen, desto sympathischer finden wir diesen Menschen – auch wenn wir eigentlich nicht auf einer Wellenlänge mit ihm sind. Das liegt unter anderem daran, dass Menschen dazu neigen, das ihnen Vertraute dem Unbekannten vorzuziehen. Nutzen Sie diesen Effekt. Zeigen Sie sich möglichst häufig virtuell. Initiieren Sie regelmäßig Online-Meetings, schaffen Sie möglichst viele Kontaktpunkte zu Ihren Mitarbeitern, um deren Vertrauen und Bindung zu stärken.

## Das Belohnungshormon

Ebenso wichtig im Kontext mit Mitarbeiterführung ist ein weiteres Hormon: Dopamin. Es sorgt im Menschen für ein Zufriedenheitsgefühl. Ausgeschüttet wird es, wenn wir von anderen belohnt werden. Daher wird es auch das Belohnungshormon genannt. Stellen Sie ein lohnenswertes Ziel in Aussicht, wirkt das nicht nur auf dem Weg dorthin motivierend für Ihre Mitarbeiter. Wenn die Belohnung folgt, feuern die sogenannten dopaminergen Neuronen in unserem Gehirn gleichmäßig weiter und die Motivation hält an – egal, ob das Ziel offline oder online gesetzt wurde.

Auch wertschätzendes, positives Feedback wird vom Gehirn als Belohnung gewertet. Geben Sie Ihrem Team daher so oft wie möglich Rückmeldung zur erbrachten Arbeitsleistung. Feedback lässt sich auch virtuell sehr gut bewerkstelligen.

Wenn bereits die nächste Deadline naht und wir stark in Projekte eingebunden sind, neigen wir dazu, das wertvolle Feedback zu vergessen. Nehmen Sie sich Zeit dafür. Es lohnt sich, wenn Sie regelmäßig ein Dopamin-Feuerwerk in Ihren Mitarbeitern entzünden.

## Endorphin: das Glückshormon

Ein weiteres wichtiges Hormon, das Sie kennen sollten, ist Endorphin. Dieses Glückshormon wird unter anderem dann ausgeschüttet, wenn wir etwas Lustiges hören oder sehen. Humor aktiviert in uns gleich mehrere Gehirnregionen in sehr positiver Weise. Daher gilt: Lachen Sie mal wieder mit Ihrem Team. Bauen Sie Scherze in die Meetings ein oder lassen Sie z. B. jeden Mitarbeiter eine humorvolle Geschichte erzählen. Stimmen Sie über den Witz des Monats im Team ab. In schwierigen Situationen können Sie auch kleine Päckchen Trostschokolade verschicken. Schokolade führt nachweislich zur Ausschüttung von Endorphinen, macht also glücklich.

## Das Nickel&Keil-Modell: Ihr Navi beim Führen auf Distanz

Mit ein paar Tools und der Parole »Ab heute wird auf Distanz geführt!« ist es nicht getan. Dass es mehr braucht, wird am Scheitern einiger Unternehmen deutlich, die aufgrund von internen Entwicklungsprozessen oder wegen äußerer Rahmenbedingungen, wie z. B. der Corona-Pandemie, plötzlich gezwungen waren umzudenken. Genau für solche Herausforderungen haben wir das Nickel&Keil Umsetzungsmodell entwickelt. Modelle sind wie Landkarten oder ein Navigationssystem im Auto. Sie helfen, sich auf unbekanntem Terrain zurechtzufinden. Das von uns ursprünglich für Change-Prozesse entwickelte Modell hilft Ihnen, rasch Fahrt aufzunehmen, wenn es darum geht, Teams auf Distanz zu führen. Sie finden damit gezielt heraus, was es braucht, damit Führung auf Distanz funktioniert, und wo Sie ansetzen können, um Führungswirkung zu erreichen.

## Die 5 Elemente des Nickel&Keil-Modells

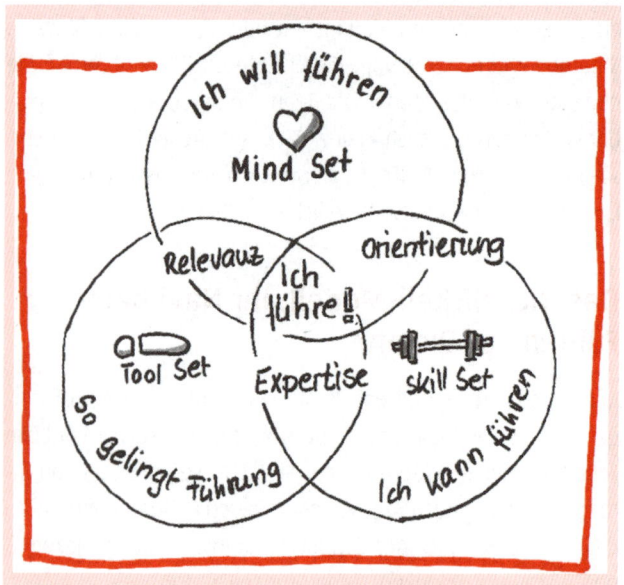

1. **Das Mindset:** Gutes Führen ist eine Frage der Haltung und Einstellung. Dazu gehört die Bereitschaft, Verantwortung zu übernehmen, Entscheidungen zu treffen und voranzugehen. Das richtige Mindset: Ich will mein Team zu guten Ergebnissen führen, egal ob auf Distanz oder vor Ort!

2. **Das Toolset** – so gelingt Führen auf Distanz! Haben Sie all die Werkzeuge, die es braucht, um virtuelle Teams zu koordinieren, zu motivieren und zu entwickeln?

3. **Das Skillset** – »Ich kann führen.« Für das Führen auf Distanz benötigen Sie klassische Führungsfähigkeiten sowie technische Skills, um das Toolset auch richtig anzuwenden.

4. **Die Kultur:** Die Basis für moderne Führung ist eine Kultur, die geprägt ist von folgenden Grundsätzen: Entwicklung steht vor Beurteilung und Vertrauen vor Kontrolle. In der Grafik ist sie als rotes Rand rund um die Kreise symbolisiert.

5. **Führen:** Ohne Umsetzung in die Tat keine Ergebnisse!

## Das Mindset – die Bereitschaft zu führen

Das Mindset wirkt grundsätzlich und entscheidend auf das, was Menschen tun und wie sie es tun. Es ist ihre innere Haltung und Einstellung, die darüber bestimmt,

1. ob sie Informationen als wahr, richtig und bedeutsam einstufen.

2. welche Auswirkungen sie als wahrscheinlich annehmen.

3. welche Gefühle sie haben.

Das Führungs-Mindset ist daher Dreh- und Angelpunkt dafür, wie authentisch Führung übernommen wird. Dabei spielen die Vertrauensfrage eine Rolle (siehe Kap. »Ohne geht es nicht: Vertrauen«) und die neurobiologischen Abläufe (siehe Kap. »Gehirngerechtes Führen«).

## Das Toolset – die richtigen Werkzeuge zum virtuellen Führen

> *»Wenn dein einziges Werkzeug ein Hammer ist,*
> *wirst du jedes Problem als Nagel betrachten«*
> (Mark Twain)

Wer sich darauf einlässt, auf Distanz zu führen, braucht nicht nur das richtige Mindset dafür, das geprägt ist von Vertrauen in die Mitarbeiter und der Bereitschaft, Führung zu übernehmen. Er benötigt dazu auch die richtigen Tools. Fehlen sie, hilft auch der beste Wille nichts. Und manchmal bedingt das Fehlen des einen auch das Fehlen des anderen, wie das folgende Beispiel zeigt.

**BEISPIEL: DAS SCHEITERN EINER BANK**

Der Lockdown anlässlich der Corona-Pandemie zwang auch eine Bank dazu, alle Mitarbeiter vom Homeoffice aus arbeiten zu lassen, um überhaupt arbeitsfähig zu bleiben. Das Institut war darauf nicht vorbereitet. Alle kollaborativen virtuellen Tools wurden von den konservativ geprägten IT-Verantwortlichen mit dem Argument »Entspricht nicht den Vorschriften!« abgelehnt. Sie beriefen sich auf die vielen Sicherheitsvorschriften für Access Management, Datensicherheit etc. Die Führungskräfte und Mitarbeiter waren auf die Kommunikation per E-Mail und Einwahlknoten für Telefonkonferenzen angewiesen. Das Resultat war die völlige Überlastung des Systems. Es kam zu Serienausfällen und damit auch zu enormen Produktivitätsverlusten. Das Mindset verhinderte also, dass ein nötiges Toolset für moderne virtuelle Zusammenarbeit eingeführt wurde.

Mehr zum notwendigen Toolset im Kapitel »Die Technik meistern«.

# Das Skillset – Führen können

Eingangs hatten wir es schon erwähnt: Beim Führen auf Distanz stehen Führungsskills an erster Stelle, so insbesondere auch die Fähigkeit zur Selbstführung. Erst dann geht es darum, es auch im virtuellen Raum zu beherrschen. Leadership Skills lassen sich in folgende Gruppen einteilen.

- **Das methodische Skillset:** Wer Tools und Methoden einsetzt, muss diese auch beherrschen. Das bedeutet, sie zu erlernen und richtig anzuwenden. Zu den Führungstools gehören Projektmanagement-Methoden, klassische Führungsmethoden wie Delegation, Ziele definieren und vereinbaren, aber auch Moderations- und Konfliktlösungstechniken. Zusätzlich sollten Führungskräfte Tools beherrschen, die es für das Führen auf Distanz braucht.

- **Das persönliche Skillset:** Führen an sich bringt Belastungen und Stress mit sich. Das Führen auf Distanz verlangt Führungskräften noch mehr ab. Widerstandsfähigkeit, auch als Resilienz bezeichnet, ist daher ein wichtiger Erfolgsfaktor. Sie versetzt uns in die Lage, Widerstände nicht nur auszuhalten, sondern auch an ihnen zu wachsen. Aber auch die Fähigkeit, strukturiert vorzugehen, Prioritäten zu setzen und diese konsequent zu verfolgen sowie flexibel auf plötzliche Änderungen zu reagieren, gehört zu den relevanten persönlichen Skills. Führen auf Distanz setzt zudem besondere rhethorische Fähigkeiten voraus, denn die Gefahr, falsch verstanden zu werden, ist in der Kommunikation via Video und Telefon wesentlich höher als bei persönlichen Treffen. Mehr dazu im Kapitel »Ihre virtuelle Präsenz«.

- **Das soziale Skillset:** Viele Führungskräfte halten Druck aus, können klar kommunizieren und verfügen über solide Management-Methoden. Wenn es aber darum geht, andere zu überzeugen und zu motivieren, Widerstände zu erspüren und aufzulösen, Konflikte zu bewältigen und nachhaltige Lösungen zu verhandeln, scheitern sie. Ihnen fehlt es an sozialen Skills. Aus unserer Erfahrung hat das soziale Skillset nicht nur bei der Gestaltung und Initiierung von Change-Prozessen die höchste Priorität, sondern auch beim Führen auf Distanz.

### Reflexion: Nickel&Keil Umsetzungsmodell

- Wie sieht es mit dem Toolset in Ihrem Unternehmen aus – sind Sie gut gerüstet für das Führen auf Distanz?
- Wo liegen Ihre größten Stärken? Im Tool-, Skill- oder Mindset?
- Was können Sie konkret ab sofort tun, um die virtuelle Führungskultur zu stärken?

# Führung übernehmen trotz Distanz

Das Spektrum an Führungsaufgaben ist breit. Beim Führen auf Distanz erweitert es sich noch um zusätzliche wichtige Aspekte. Sie zu kennen und sich mit ihnen auseinanderzusetzen, ist der erste Schritt, sie gut zu bewältigen.

In diesem Kapitel erfahren Sie u. a.,

- warum Sie Ihre Mitarbeiter als Kunden sehen sollten,
- warum Ihnen der transformationale Führungsstil gute Dienste leistet,
- welches Medium sich für welche Zwecke eignet,
- wie Sie effiziente Online-Meetings gestalten,
- wie Sie virtuell Feedback geben.

# Dienstleistung »Remote Leadership«

Vertrauensaufbau, klare Rollen- und Aufgabenverteilung und die Motivation der Teammitglieder spielen eine wichtige Rolle, damit Teams erfolgreich sind. Doch genau bei diesen Aspekten stellt die virtuelle Zusammenarbeit Führungskräfte vor besondere Hürden. Wie gelingt es Ihnen als Virtual Leader trotz dieser Stolperfallen, effektiv und effizient zu führen?

## Sehen Sie Ihre Mitarbeiter als Kunden

Sich mit dem virtuellen Team zu identifizieren, fällt vielen Mitarbeitern schwer. Echte Begegnungen fehlen. Die virtuelle Wahrnehmung ist distanzierter als die Wahrnehmung im Präsenzmeeting. Isolation im Homeoffice verstärkt diesen Faktor. Verbundenheit und Identifikation mit dem Team sind jedoch wichtige Erfolgsfaktoren für die virtuelle Zusammenarbeit. Dabei geht es ganz besonders darum, den jeweiligen Bedürfnissen der Mitarbeiter Rechnung zu tragen. Deren Bedenken und persönliche Produktivitätshindernisse, wie z. B. Demotivation, sollten erkannt und gezielt bearbeitet werden, damit der Weg frei für motiviertes Arbeiten ist. Doch wie gelingt das über die Distanz? Welche Haltung ist hierbei nützlich und hilfreich?

**BEISPIEL: AUTOKAUF**

Versetzen wir uns in die Lage eines Kunden, der ein neues Auto kaufen will. Damit er sich letztlich für den Kauf entscheidet, gilt es, seine Erwartungen und auch Bedürfnisse in Erfahrung zu bringen, um sie erfüllen zu können. So soll der neue Wagen vielleicht familiengerecht ausgestattet sein mit viel

Platz und einem großen Kofferraum. Wenn der Verkäufer diese Bedürfnisse bei seiner Beratung nicht in den Fokus nimmt, wird der Kunde enttäuscht sein und von dannen ziehen.

Was wir jetzt in diesem Beispiel gemacht haben, war, die Perspektive zu wechseln und die Haltung eines Kunden einzunehmen. Genau das ist auch der Switch zur neuen Remote Leadership: Mitarbeiter sind Kunden. Führung wird damit zur echten Dienstleistung und findet auf Augenhöhe statt.

Künftig werden wir also nicht nur die E-Mails an Kunden besonders nett und zuvorkommend verfassen, sondern auch die an die eigenen Mitarbeiter, denn: Sie sind Ihre Kunden. Ohne Ihr Team werden Sie nicht erfolgreich sein!

Ein erfolgreicher Dienstleister hat stets seine Kunden im Blick. Und Kunden sind verschieden. Jeder einzelne von ihnen hat seine eigenen Bedürfnisse und Erwartungen. Bleiben wir beim Auto-Beispiel von oben: Der Familienwagen trifft nicht die Erwartung eines jungen Managers, der ein sportliches, schnelles Gefährt sucht. Der Verkäufer tut also gut daran, seine Kunden so zu behandeln und zu beraten, dass diese zufrieden oder gar glücklich sind und immer wieder bei ihm kaufen.

Übertragen auf das Führen bedeutet dies Folgendes: Es geht nicht um Ihre eigenen Präferenzen, sondern darum, wie Ihre Mitarbeiter behandelt werden wollen. Viele Führungskräfte denken, dass das, was für sie gut ist, auch für ihre Leute gut sei.

In der Psychologie wird das auch Ich-Synton genannt. Wie wir die Dinge sehen, fühlt sich für uns ganz normal und selbstverständlich an. Doch damit ecken wir bei einem Großteil anderer Menschen an, die eben nicht so ticken wie wir selbst.

Sind Sie eher der sachliche Typ, der sich primär an Zahlen, Daten, Fakten orientiert, dann werden Sie mit diesem Fokus bei einem eher beziehungs- und näheorientierten Mitarbeiter scheitern. Schreiben Sie gerne kurze knackige E-Mails? Vielleicht findet Frau A das super, vielleicht wäre Herrn B jedoch ein Telefonat lieber. Welche Tools, welche Art zu kommunizieren präferiert welcher Mitarbeiter? E-Mail, Chat, Telefon, Webmeeting oder etwas ganz anderes? Wissen Sie das? Ist ein Kontakt je Mitarbeiter einmal die Woche genug per Telefon oder braucht Frau C mehr als das? Welche Bedürfnisse haben Ihre Teammitglieder?

Damit wird eines klar: Verabschieden Sie sich möglichst schnell von der Gleichbehandlung! Allen auf die gleiche Art und Weise gerecht zu werden, funktioniert nicht. Menschen haben unterschiedliche Bedürfnisse. Wenn wir diese erfüllen wollen, ist es immens wichtig, die Menschen unterschiedlich zu behandeln. Denken Sie noch einmal zurück an das Auto-Beispiel: Den schnittigen Zweisitzer-Sportwagen voller Inbrunst einer Familie anbieten? Zweck verfehlt! Den gestressten Manager in ellenlange Kaufgespräche verwickeln? Kunde erfolgreich abgehängt!

Es gibt mittlerweile viele psychometrische Verfahren, mit deren Hilfe Sie die Unterschiede zwischen Ihren Mitarbeitern herausfinden können. Doch auch ohne solche aufwendigen Klassifizierungen können Sie ermitteln, was Ihre Mitarbeiter jeweils von Ihnen brauchen. Es ist ganz einfach:

1. Fragen Sie. Stellen Sie offene Fragen, die viel mehr als ein Ja oder Nein zulassen.

2. Und dann, ganz wichtig: Schweigen Sie und hören Sie genau zu, was Ihre Mitarbeiter antworten.

> Eines ist sicher: Menschen haben unterschiedliche Erwartungen und unterschiedliche Bedürfnisse. Respektieren und berücksichtigen Sie diese Unterschiede. Damit wird Führung zu echter Dienstleistung.

Doch wir wollen noch ein Stück weitergehen, damit Sie langfristig als virtueller Chef erfolgreich sind.

# Transformationale Führung

Der Wandel von konventionellen Face-to-Face-Teams zu virtuellen Teams ist eine tiefgreifende Änderung im Arbeitsalltag vieler Mitarbeiter. Sie haben es in der Hand: Holen Sie Ihre Mitarbeiter ab und begeistern Sie sie für den Change. Das gelingt sehr gut mit transformationaler Führung. Sie beeinflusst die Veränderungsbereitschaft der Mitarbeiter.

Den Begriff »Transformationale Führung« hat der amerikanische Wirtschaftspsychologe Bernard Morris Bass abgestimmt auf den Unternehmenskontext weiterentwickelt. Dabei baute er auf Untersuchungen von James MacGregor Burns zum Führungsstil von Politikern auf.

Klassische Führung verläuft oft eher wie ein Tauschgeschäft: Belohnung gegen Leistung. Der Chef schafft Anreizsysteme für die Arbeitsleistung des Mitarbeiters. Burns nannte dieses Do-ut-des-Konzept »transaktionale Führung«.

## Die Führungskraft als Influencer

Bei einem transformationalen Führungsstil ist es anders. Hier inspiriert der Chef seine Mitarbeiter und fördert über attraktive Visionen und Ziele deren Identifikation und Motivation. Transformational führende Chefs sind Vorbilder, mit denen sich Mitarbeiter identifizieren. Sie erfüllen dabei hohe moralische und ethische Standards. Im Grunde genommen nehmen sie die Rolle eines positiven selbstbewussten Influencers ein, der für seine Sache brennt, andere dafür motiviert und dadurch in ihnen den Impuls zur Veränderung setzt. Das Bild der Influencer passt insbesondere deswegen gut, da diese sich ja gerade im virtuellen Raum, in den sozialen Medien aufhalten und freiwillige Follower haben. Sie docken an die Bedürfnisse ihrer Follower an. Der transformationale Leader fordert und regt den Mitarbeiter je nach Reifegrad intellektuell an und animiert diesen zur kritischen Status-quo-Analyse, um aus sich heraus kreative Lösungen zu entwickeln.

# Eigenverantwortung und persönliche Entwicklung stärken

Angesichts der stets wechselnden Herausforderungen in unserer volatilen Welt werden heute Führungskräfte benötigt, die ihre Mitarbeiter bei der Entwicklung von persönlichen Kompetenzen fördern. Gemeinsam mit den Mitarbeitern formulieren sie dazu klare Ziele und Erwartungen und stärken das Vertrauen in die Erreichbarkeit von Zielen. Die Mitarbeiter erhalten Freiräume. Dadurch wird ein Klima der Eigenverantwortung geschaffen. Der Chef agiert als wertschätzender Coach und Mentor und setzt sich für die Entwicklung des Mitarbeiters ein. Die Hirnforschung hat längst erkannt: Menschen brauchen soziale Zugehörigkeit und Verbundenheit mit anderen. Und sie möchten sich entwickeln. Transformationale Führung geht auf diese Grundbedürfnisse der Mitarbeiter ein.

Da sie auf Eigenverantwortung setzt, zahlt sich transformationale Führung besonders gut im virtuellen Kontext aus. Transformationale Führung bringt die Mitarbeiter dazu, das Teaminteresse über das eigene Interesse zu stellen, sich mit dem gemeinsamen Ziel zu identifizieren und dabei gelungen zu kooperieren. Das fördert den Zusammenhalt sowie ein angenehmes und produktives Arbeitsklima.

Transformational Führende steigern die Motivation der Mitarbeiter und machen ihnen klar, dass sie persönlich zum Erfolg des Unternehmens beitragen können. Wenn Sie transformational führen, sind Sie wie ein Change-Agent unterwegs, der eine Zukunftsvision aufbaut und das Vertrauen des Teams durch Ihr Charisma und Ihre Begeisterungsfähigkeit gewinnt.

Doch transformationale Führung bewirkt noch viel mehr: Sie fördern damit das individuelle Potenzial Ihrer Mitarbeiter und berücksichtigen deren Bedürfnisse. Sie erkennen und mindern Ängste Ihrer Mitarbeiter und leben das Motto: Change als Chance. Genau solche Leader werden in der heutigen Zeit benötigt, denn wir leben in einer volatilen, unsicheren, komplexen und vielschichtigen Business-Welt.

## Die Führungskraft als Gastgeber

Wir sehen den Remote Leader übrigens nicht als Helden an, obwohl man beim Durchlesen all der glorreichen Taten, die ein transformational Führender zustande bringt, durchaus auf diese Idee kommen könnte: Er empowert seine Mitarbeiter und ist ein starker CEO, allerdings in der Bedeutung des Chief Empowerment Officer. Und er ist sich dieser Kraft bewusst. Er übernimmt Verantwortung. Er hat Charisma, verfügt über Begeisterungsfähigkeit, starke Motivationskraft. Er ist eine Marke. Er hinterlässt Spuren und bleibt nachhaltig positiv in Erinnerung. Und das ist auch gut so, denn nur, wer sichtbar ist, dem kann man auch folgen.

Der transformationale Leader ist trotzdem kein Held. Er ist ein Host, ein Gastgeber, der seinem Team und dem Unternehmen dient. Er stellt Ziele, Purpose, Nutzen seines Unternehmens über seine eigenen Ziele.

Um die Rolle des Leader as a host noch besser auszufüllen, sollte der transformational führende Chef beim Führen auf Distanz nach folgenden Maximen handeln:

- Vertrauen zulassen,
- Kontrolle reduzieren,
- Moderation von Meetings anstatt Leitung.

Transformationale Führung eignet sich besonders für Unternehmen, die eine Wachstumsstrategie verfolgen. Die Führungskraft motiviert die Mitarbeiter, ihre Ideen einzubringen und ihr volles Potenzial auszuschöpfen. Hierbei hat sie das jeweilige Potenzial ihrer Mitarbeiter sowie deren Reifegrad genau im Blick, damit diese dabei die Grenzen der Lernfähigkeit und Belastbarkeit nicht überschreiten.

## Der Chef als Coach

Eine wichtige Methode, die Mitarbeiter in ihrem persönlichen Wachstum zu unterstützen, ist Coaching. Wer seine Mitarbeiter als dienender Gastgeber und Dienstleister fördern und in ihrer Weiterentwicklung begleiten möchte, sollte über Kenntnisse aus dem systemischen Coaching verfügen.

Coaching ist Hilfe zur Selbsthilfe für denjenigen, der gecoacht wird. Der Coachee findet die für ihn passende Lösung selbst. Der Coach begleitet ihn auf diesem Weg mittels Fragen. Die Führungskraft als Coach zeichnet sich also primär durch eine fragende und zuhörende Haltung gegenüber dem Mitarbeiter aus. Als Coach begegnen Sie Ihrem Mitarbeiter auf Augenhöhe. Ziel ist es, ressourcenorientiert vorzugehen und den Mitarbeiter in erster Linie mit Fragen in seiner Stärke zu fördern und so weiterzuentwickeln.

Die Rolle als Coach fällt vielen Führungskräften schwer. Sie sind es gewohnt, die Ärmel hochzukrempeln und selbst anzupacken oder zumindest Ratschläge zu erteilen. Zudem widerspricht die Rolle des Coaches auch ab und an der Rolle einer Führungskraft: Ein Coach gibt dem Coachee Raum für die eigenen Lösungsansätze. Eine Führungskraft hat nicht so viel Spiel, wenn sie erkennt, dass die Lösung den übergeordneten Zielen des Unternehmens widerspricht. Sie ist dann verpflichtet, darauf hinzuweisen, dass die angebotene Lösung nicht funktioniert.

Damit die Führungsrolle der Rolle des Coaches nicht im Weg steht, bedarf es viel Fingerspitzengefühls. Die folgenden Schritte helfen dabei.

### Coaching-Schritte

- Nehmen Sie sich Zeit für Ihren Mitarbeiter. Lassen Sie ihn erzählen und hören Sie ihm wirklich zu. Im virtuellen Raum ist die Wahrnehmung eingeschränkt. Sorgen Sie dafür, dass

Sie Ihren Mitarbeiter im Coaching-Gespräch nicht nur hören, sondern auch sehen können. Führen Sie das Gespräch also am besten via Videokonferenz.

- Analysieren Sie gemeinsam mit Ihrem Mitarbeiter dessen Anliegen. Vergewissern Sie sich, dass Sie alles richtig verstanden haben. Das gelingt am besten, indem Sie das Gehörte noch einmal in Ihren eigenen Worten wiedergeben: »Habe ich richtig verstanden, dass ...?«

- Versuchen Sie nun, den Mitarbeiter mit den richtigen Fragen raus aus dem Problem hin zur Lösung zu leiten, Perspektivwechsel zu ermöglichen und so neue Zusammenhänge herzustellen.

## Skalierungsfragen

Eine ganz einfache Coaching-Technik, die via Videocall und auch am Telefon wunderbar funktioniert, ist die Skalierungsfrage. Sie eignet sich für Situationen, in denen es um Einschätzungen des Mitarbeiters geht.

**BEISPIELE: SKALIERUNGSFRAGEN**

Auf einer Skala von 1 bis 10 – 1 heißt »ganz wenig« und 10 »absolut« –, wie motiviert sind Sie bei Aufgabe XY?

Auf einer Skala von 1 bis 10 – 1 heißt »gar nicht« und 10 bedeutet »übererfüllt« –, wo sehen Sie den Fortschritt im Projekt XY?

Auf einer Skala von 1 bis 10 – 1 heißt »gering ausgeprägt« und 10 »sehr gut ausgeprägt« –, wo schätzen Sie sich selbst in Ihrer XY Kompetenz ein?

Mit Fragen wie diesen können Sie überprüfen, ob Ihre Vorstellungen mit denen des Mitarbeiters matchen. Sprechen Sie von derselben Sache? Schätzt der Mitarbeiter sich, seinen Erfolg, Situationen etc., richtig ein bzw. so wie Sie? Falls Sie Diskrepanzen feststellen, gibt es in jedem Fall Redebedarf.

Wenn Sie sich noch intensiver mit dem Coaching befassen wollen, empfehlen wir Ihnen das Online Training von Susanne Nickel. Für mehr Infos dazu scannen Sie den QR-Code oder klicken Sie auf diesen Link:
https://susannenickel.com/online-kurs-fk-als-coach/

## Virtuelle Kommunikation in der Mitarbeiterführung

Das Schlüsselwort für gute Mitarbeiterführung lautet Kommunikation. Dieser Grundsatz gilt sowohl online wie auch offline. Allerdings gibt es auch Unterschiede und Besonderheiten, die Sie beachten sollten, wenn Sie Online-Kommunikationsmedien einsetzen.

Unter Kommunikation versteht man die Übermittlung einer Nachricht von einem Sender an einen Empfänger über verschiedene Kommunikationskanäle. Dabei zählt in der Face-to-Face-Kommunikation nicht alleine die Sprache. Nicht nur das gesprochene Wort bestimmt darüber, wie eine Botschaft beim Empfänger ankommt. Auch die nonverbale Kommunikation ist entscheidend. Wir nehmen mehr wahr als nur Worte. Ebenso relevant sind der Klang der Stimme und die Gestik. Insbesondere wenn es um die Vertrauensbildung geht, zählen die nonverbalen Signale, die wir senden, sogar mehr als unsere Worte. In Studien kam man auf folgende Prozentzahlen: Vertrauensbildend wirken Worte mit einem Anteil von 7 %, die Stimme mit 37 % und die Gestik sogar mit 56 %.

Wie sieht es bei der virtuellen Kommunikation aus? Je nach Medium sind die Wahrnehmungsmöglichkeiten unterschiedlich stark eingeschränkt, ebenso die Möglichkeiten, Nähe zu schaffen und miteinander in echten Kontakt zu treten.

Bei der direkten Führung sieht die Kommunikationskette so aus:

Führungskraft <-> Kommunikation <-> Mitarbeiter.

In der virtuellen Kommunikation kommen noch Schnittstellen hinzu:

Führungskraft <-> Kommunikation via Tool <-> Tool <-> Kommunikation via Tool <-> Mitarbeiter.

Das wirkt sich natürlich auch auf die Vertrauensbildung aus. Die folgende Tabelle zeigt, bei welchen Medien die Wahrnehmungs- und Kontaktmöglichkeiten am stärksten und am geringsten ausgeprägt sind. Sie macht deutlich: Wer intensiven Kontakt und Austausch sucht, fährt mit der Face-to-Face-Kommunikation richtig. Wer nur per SMS oder Messenger-Dienst kommuniziert, kann Distanz kaum überwinden und auch keine wirkliche Nähe herstellen.

| | Visuelle Reize | Worte | Stimme | Berührung, Haptik | Ad hoc Reaktionsmöglichkeit |
|---|---|---|---|---|---|
| Vor-Ort-Gespräch | | | | | |
| Videokonferenz | | | | | |
| Telefon | | | | | |
| Chat | | | | | Wenn alle online |
| Messenger-Dienst | | | | | Wenn alle online |
| (Virtuelle) Whiteboards, Pinnwände | | | | | Wenn alle online |
| Voicemail | | | | | |
| Brief | | | | | |
| E-Mail | | | | | |
| SMS | | | | | |

Wir sollten uns gerade bei der Online-Kommunikation immer wieder erneut fragen:

- Ist es der richtige Kommunikationskanal für diese Art der Botschaft?
- Erwartet der Sender eine Antwort?
- Lässt der Kommunikationskanal eine Antwort zu?
- Ist eine prompte Reaktion erforderlich?

Virtuelle Teams sollten für ihre Zusammenarbeit möglichst viele Medien nutzen, die eine direkte Interaktion ermöglichen. Denn nur das direkte Agieren und Reagieren schafft Verbindung und Nähe.

### BEISPIEL: E-MAIL FÜR CHANGE-ANKÜNDIGUNGEN?

Ein Unternehmen gab seinen Mitarbeitern in der Vergangenheit anstehenden Change und Transformation via E-Mail durch den Geschäftsführer bekannt. Die Folge: Es gab großen Widerstand in den Reihen der Mitarbeiter gegen den Wandel. Sie hatten Hemmungen, Fragen zu stellen und sich in den Veränderungsprozess einzubringen. Bis man interne Chat-Kanäle installierte. Sie sollten das Interaktionshindernis beseitigen. Mit Erfolg: Die Mitarbeiter trauten sich Fragen zu stellen.

Klären Sie gemeinsam mit Ihrem Team die Erwartungen, die Sie bei der Nutzung der unterschiedlichen Kommunikationskanäle haben, am besten in Form einer Team-Netiquette.

**BEISPIEL: TEAM-NETIQUETTE**

Konflikte und Probleme miteinander werden ausschließlich in Telefonaten und Videokonferenzen besprochen, nicht per Mail oder Message.

E-Mails werden innerhalb von 2 Tagen beantwortet (außer am Wochenende). Mails werden nur an diejenigen versendet, für die damit ein To-do verbunden ist.

Angelegenheiten, die alle angehen, werden ausschließlich im wöchentlichen Jour-fixe via Videokonferenz besprochen.

## Welches Medium ist wofür geeignet?

In der Regel findet die Kommunikation in virtuellen Teams über E-Mails, Audio- und Webkonferenzen, Messenger-Dienste, Chatmedien und Kollaborationstools wie virtuelle Pinnwände statt. Von großer Bedeutung ist der kompetente Umgang mit diesen Kommunikationsmedien.

Es gibt Produkt- und Prozessmedien. Produktmedien liefern Ergebnisse wie Pläne, Berichte, Entscheidungen, Informationen etc. Hierbei handelt es sich um sogenannte Ein-Weg-Medien. Hierzu gehören beispielsweise

- Video-, Chat- und Voice-Mails (wie z. B. der klassische Anrufbeantworter),

- E-Mails, SMS, Messages, Diskussionsforen und der klassische Brief,

- Datenübertragungsprotokolle, E-Mails mit Datenanhang.

Mit diesen Medien ist nur eine asynchrone, also eine zeitverzögerte Kommunikation möglich.

Prozessmedien sind Zwei-Wege-Medien. Sie ermöglichen die direkte Interaktion. Zu ihnen zählen

- das Telefon, die Web-Audiokonferenz,
- der Chat, das Whiteboard,
- Application und Document Sharing.

Hier findet Kommunikation in Echtzeit statt, also synchron.

## E-Mail

Das wohl immer noch am häufigsten genutzte Medium in Unternehmen ist die E-Mail. Sie zeichnet sich durch einfache Handhabung aus und ist besonders geeignet, um Informationen als Texte in kürzerer oder längerer Form asynchron an andere zu kommunizieren.

Doch es gibt auch Nachteile, die jeder von uns sicherlich schon einmal wahrgenommen hat. Per E-Mail werden weder soziale Präsenz noch Gefühle und Nähe vermittelt. Werden Emotionen nicht explizit im Mail-Text ausgedrückt, bleiben sie in der E-Mail-Kommunikation außen vor. Der Kontext selbst lässt keine Emotionen zu. Hinzu kommt das E-Mail-Spamming, das in vielen Unternehmen betrieben wird: Um bloß niemanden zu vergessen, setzt man möglichst viele in den CC-Verteiler. Das führt zu Hunderten von E-Mails im Postfach, die kein Mensch mehr richtig durchliest. Feilte man früher ausgiebig an jedem Brief, werden E-Mails oft viel zu schnell mit schwammigen Inhalten abgesendet – Missverständnisse sind da vorprogrammiert.

Hier sind einige To-dos zu erledigen, wenn Ihr Team und Sie sauber kommunizieren wollen und Ihre Posteingangsfächer möglichst frei für Wichtiges halten wollen. Die Kommunikation per E-Mail fordert uns zudem strukturiertes Arbeiten ab, sonst entsteht schnell persönliches Chaos: Wird das Postfach nicht konsequent abgearbeitet, bleibt allzu schnell auch mal etwas Wichtiges liegen. Legen Sie am besten gemeinsam mit Ihrem Team ein ausgeklügeltes Ordner- und Archivierungssystem fest.

## Web- und Videokonferenzen

Videokonferenz-Software wie Zoom, Skype, WebEx, Microsoft Teams gibt es mittlerweile schon geraume Zeit. Seit der Coronakrise, die mit Reisebeschränkungen und Arbeit im Homeoffice einherging, hat ihre Bedeutung enorm zugenommen. Kein Wunder, denn dank der Videokonferenzen können sich Teammitglieder besonders gut miteinander austauschen. Das Medium bedient besonders viele Wahrnehmungskanäle: Die Stimmen aller Teilnehmenden sind hörbar, die Mimik, der Blick, die Körperhaltung und Gestik sind sichtbar. So lässt sich die Stimmung der anderen gut erfassen und das Gesagte mit den nonverbalen Botschaften abgleichen. Durch die Vielzahl an Wahrnehmungsmöglichkeiten fällt es leichter, persönliche

Beziehungen aufzubauen und auszubauen und Vertrauen zueinander herzustellen.

> Grundsätzlich gilt: Schaffen Sie so viele Wahrnehmungskanäle wie
> möglich für Ihr Team. Das impliziert vor allem eines: Kamera an!

Videokonferenzen eignen sich neben Offline-Meetings gut zur
Lösung solcher Aufgaben, die wegen ihrer Komplexität ein er-
höhtes Maß an Präsenz der Teammitglieder erfordern. Zudem
können Objekte und weitere Kontextinformationen, z.B. durch
das Zeigen von Charts, einfach visuell übermittelt werden.
Selbst der soziale Austausch kann über die Software gefördert
werden. In unserem Unternehmen digitalsee gibt es dazu z.B.
über Microsoft Teams den Kanal »Feierabend-Drink«. Er funktioniert wie ein Lokal, das zu bestimmten Zeiten offen hat, damit
man sich dort virtuell treffen kann.

Auch Videokonferenzen haben Nachteile: Sie erfordern beispielsweise viel Disziplin von den Teilnehmern. So genau weiß
man nie, was der eine oder die andere gerade nebenher so
alles erledigt, während man miteinander konferiert – vor allem
dann nicht, wenn die Kamera aus ist. Damit alle im Boot und
konzentriert bleiben, hilft persönliche Ansprache: »Wie siehst
du das, ...?«. Und: Gehen Sie mit gutem Beispiel voran. Demonstrieren Sie aktiv Ihre Präsenz.

Videokonferenzen kosten viel Kraft und Energie. Überfordern
Sie Ihre Teilnehmenden nicht und machen Sie hin und wieder
längere Pausen zwischendurch.

## Chat

Ähnlich wie bei den E-Mails basiert auch ein Chat nur auf der Textübermittlung. Während die E-Mail aber ein asynchrones Kommunikationsmedium ist, findet der Chat in Echtzeit statt – vorausgesetzt die Teilnehmenden sind gerade online. Die Beiträge werden dann sofort nach Beendigung der Eingabe für alle anderen Teilnehmer sichtbar. Der Chat bietet einen unkomplizierten schnellen Austausch, und zwar sowohl im Team selbst als auch zwischen Führungskraft und einzelnen Mitarbeitern.

Der Grad der sozialen Präsenz ist beim Chat zwar relativ gering, jedoch höher als beim E-Mail-Austausch, da die Kommunikation meist in Echtzeit stattfindet. Vornehmlich wird Inhalt transportiert, doch ähnlich wie in einem Gespräch geschieht dies meist verbunden mit direkter Antwort und schneller Rückmeldung.

Beim Chat kann sich jeder die Zeit nehmen, die er zur Beantwortung einer Frage oder zur Reaktion auf das Geschriebene braucht. Jedem ist überlassen, wann und wie ausgiebig er antwortet. Mittels Chat können auch zurückhaltendere Teammitglieder aus der Reserve gelockt werden, um sich an der Diskussion im Team zu beteiligen. Durch das Einbinden von Emoticons und GIFS können im Chat sogar Gefühle transportiert werden.

Die Hemmschwelle, Chats einzusetzen, ist in der Regel gering. Viele Unternehmen nutzen diese Funktion, um virtuelle Kommunikation zu erleichtern und zu beschleunigen.

Nach Beendigung des Chats verschwinden Fenster bei einigen Tools zwar einfach, als wäre nichts gewesen. Trotzdem sollte ein Chat nicht dem Austausch sensibler Daten dienen. Auch irritierende Abkürzungen sollten Sie vermeiden. Ebenso vorsichtig sein sollten Sie mit ironischen und humorvollen Anspielungen. Ein Chat läuft nämlich schnell aus dem Ruder, wenn der Chatpartner Ihr Verständnis von Humor nicht teilt. Auch Probleme und Konflikte gehören nicht in den Chatroom: Wir sehen im Chat nur das geschriebene Wort und nehmen nicht wahr, wie das bei dem anderen ankommt.

Kommunikationskanäle mischen sich immer mehr. Videokonferenz-Software verfügt mittlerweile häufig über Chat-Funktionen. Damit kann man sich austauschen und sogar Links teilen. Einige Chatsysteme stellen Audio- wie Videokanäle per Klick zur Verfügung. Wenn der Chat über eine spezielle Software stattfindet, kann der gesamte Dialog inklusive Namen und Zeitangabe gespeichert werden.

## Virtuelle Pinnwände und Whiteboards

Virtuelle Pinnwände, Dash- und Whiteboards und andere Visualisierungsmedien eignen sich, um Überblick über die Aufgaben der einzelnen Teammitglieder zu behalten.

Diese Tools sind grundsätzlich für die asynchrone Kommunikation konzipiert. Inzwischen verfügen aber fast alle auch über integrierte Chat-Funktionen, die eine Brücke zwischen versetzter und zeitgleicher Kommunikation bilden.

Visualisierungstools unterstützen Sie und Ihr Team bei folgenden Schritten:

- beim Sammeln von Ideen, so z.B. die Karten bei Trello oder die Kanäle bei Slack oder Teams,

- beim Zusammenführen von unterschiedlichen Inhalten,

- beim Definieren von Aufgaben und beim Tracken des Arbeitsstandes, so z.B. Jira, Confluence, Planner, Asana.

---

**Reflexion: Medieneinsatz**

- Über welche unterschiedlichen Medien kommunizieren Sie mit Ihrem Team, mit Ihren Mitarbeitern?

- Schaffen Sie Klarheit im und mit Ihrem Team, wie Sie Informationen sammeln.

- Welche und wie viele Quellen der Information wollen Sie weiterhin nutzen?

- Wann und wie oft treten Sie in direkten Kontakt mit Ihren Mitarbeitern? Sind Sie virtuell sichtbar? Können Ihre Mitarbeiter Sie auch persönlich wahrnehmen?

---

Für alle Tools gilt: Nahezu täglich gibt es neue Lösungen, die unterschiedliche technische Schwerpunkte setzen. Mehr dazu im Kapitel »Die richtigen Tools auswählen«.

## Kommunikationsregeln für das virtuelle Arbeiten

Damit virtuelle Mitarbeiterführung und Zusammenarbeit gelingen, sollten Sie gemeinsam mit Ihrem Team Kommunikationsregeln dafür festlegen. Ein solches Regelwerk trägt dazu bei, dass Ihre Teammitglieder lernen, sich aufeinander zu verlassen.

Doch auch für Sie als Führungskraft sind solche Regeln hilfreich: Sie sorgen dafür, dass Sie leichter den Überblick behalten. Und sie schaffen Sicherheit und Verbindlichkeit.

Legen Sie gemeinsam beispielsweise Folgendes fest:

- ein kurzes tägliches Stand-up-Meeting mittels Videokonferenz,
- eine Kurzinfo per Chat, wer wann in die Mittagspause geht,
- abendliches Abmelden per Chat,
- Organisationschart via Whiteboard.

## Kommunikationsplan

Erarbeiten Sie gemeinsam mit Ihrem Team einen Kommunikationsplan, der auch die zu nutzenden Medien aufführt. Beteiligen Sie Ihre Mitarbeiter. Einbeziehung schafft Commitment.

**Schritt 1 – Analyse:** Welche Kommunikationsmedien stehen Ihrem Team zur Verfügung? Halten Sie das Ergebnis in einer Medienliste fest. Wenn Sie selbst kein großer Technik-Freak sind, küren Sie einen Medien-Scout in Ihrem Team. Das sollte jemand sein, der sehr technikaffin ist. Dieser Scout geht für Ihr Team auf die Suche nach neuen hilfreichen Tools und hält Sie darüber auf dem Laufenden.

**Schritt 2 – Vereinbarung:** Entscheiden Sie am besten mit Ihrem Team gemeinsam, welche Medien Sie für welche Art der Kommunikation nutzen wollen. Eine solche Vereinbarung kann beispielsweise Folgendes festlegen:

- Chat für kurze unkomplizierte Infos
- wöchentlicher Statusbericht zum virtuellen Projektboard im Intranet für alle Projektmitglieder
- Mini-Video-Meeting für ein neues elektronisches Whiteboard
- Arbeitsergebnisse via E-Mail kommunizieren
- Per Video-Konferenz: Stand-up-Meeting jeden Morgen zum Projektabgleich
- Persönliches, Probleme, Kritik im Zweier-Gespräch, d. h. Telefonat oder 1:1-Videomeeting.

**Schritt 3 – Dokumentation**: Fassen Sie die Medienliste, die Vereinbarungen und andere gemeinsam erarbeitete Ergebnisse zur Kommunikation im Team in einem Kommunikationsplan zusammen.

## Kommunikation mit Plan und Beziehung

Kommunikation verfolgt immer ein Ziel, ob bewusst oder unbewusst. Der Kommunikationswissenschaftler Paul Watzlawick brachte das sehr treffend auf den Punkt: Wir können nicht *nicht* kommunizieren. Wie andere das, was wir mitteilen, interpretieren, hängt von vielen Faktoren ab: von den Wahrnehmungskanälen, die uns zur Verfügung stehen, von der Stimmung der anderen und ihrer Einstellung und Haltung. Ebenso auch von der Art, wie wir die Botschaft übermitteln. Angesichts dieser Fülle an Aspekten liegt es nahe, dass es in der Kommunikation schnell zu Missverständnissen kommen kann. Erst recht gilt das im virtuellen Raum. In der virtuellen Welt gibt es keinen Flurfunk, kein kurzes Gespräch in der Kaffeeküche oder auf dem Weg in die Kantine, um sich über Probleme und Lösungen auszutauschen.

Virtuelle Führung erfordert daher noch mehr Klarheit und Präzision in der Kommunikation und ein besseres Erwartungsmanagement als das Führen von Präsenz-Teams. Machen Sie Ihre Erwartungen an die Zusammenarbeit und an die Ergebnisse im Team und für jeden einzelnen auch aus der Ferne transparent. Klares Erwartungsmanagement schafft Planungssicherheit und hilft, die anvisierten Ziele zu erreichen. Im virtuellen Raum kann es zu Wahrnehmungsverzerrungen kommen, die in der direkten Kommunikation nicht in dieser Form entstehen. Jede Ihrer Interaktionen sollte daher möglichst eindeutig und für die Teammitglieder klar verständlich sein. Um das zu bewerkstelligen, helfen die folgenden Reflexionsfragen:

Was soll der Empfänger tun? Welches Ziel soll mit einer Aufgabe erreicht werden? Was braucht der Empfänger an Information, an Equipment, an Skills, damit er das Ziel erreichen kann?

Klare und verständliche Kommunikation ist aber noch längst nicht alles. Machen Sie darüber hinaus deutlich, dass Sie bei Problemen jederzeit ansprechbar sind und für Unterstützung sorgen. Pflegen Sie die Beziehungen zu Ihren Mitarbeitern. Menschen haben das Bedürfnis nach sozialer Zugehörigkeit.

Diese ist ein Wohlfühlfaktor für Menschen. Das gilt besonders, wenn sie alleine im Homeoffice sitzen oder der Rest des Teams auf einem anderen Kontinent angesiedelt ist. Die Investition in die Beziehungspflege lohnt sich. Beziehungspflege dient dem Vertrauensaufbau. Als fester Bestandteil sollten Sie sie in Ihre tägliche Arbeit integrieren. Denken Sie daran: Sie gewinnen nur gemeinsam mit Ihrem Team! Mehr dazu im Kapitel »Virtuelle Zusammenarbeit gestalten«.

## Ziele vereinbaren und erreichen

Der Management-Papst Peter F. Drucker hat bereits im Jahr 1954 das Konzept des Management by Objectives (kurz: MbO), also das Führen durch Zielvereinbarungen, entwickelt. Was in den nachfolgenden sieben Jahrzehnten geschah, hätte er damals sicherlich nicht zu träumen gewagt. Das Führen über Ziele wurde zum Kernelement der transaktionalen Führung. Es unterstützte unzählige Unternehmen dabei, die angestrebten Erfolge zu planen.

Auch in der sich immer mehr durchsetzenden transformationalen Führung (siehe hierzu das gleichnamige Kapitel) kommt man ohne Ziele nicht aus. Mithilfe richtig formulierter Ziele schaffen Sie Klarheit zwischen Ihnen und Ihren Mitarbeitern darüber, wo die Reise hin geht und welche wechselseitigen Erwartungen bestehen.

## Gute Ziele sind SMART

Sicher ist Ihnen im Zusammenhang mit Zielen schon einmal die SMART-Formel begegnet. SMART ist ein Akronym, dessen Buchstaben für Anforderungen an Ziele stehen. Gute Ziele sind

- **s**pezifisch,

- **m**essbar,

- **a**mbitioniert,

- **r**ealistisch und

- **t**erminiert.

Um sich Ziele zu setzen, ist dies ein praktikables Modell. Wir stellen Ihnen hier aber noch eine weitere einfache Methode zur Vereinbarung von Zielen vor.

## Die Ergebnis-Methode

»Es wäre so schön, wenn wir wieder mal mehr Umsatz generieren könnten ...!«, ist eine Aussage, bei der die meisten vermutlich nickend zustimmen. Aber ist das ein Ziel? Nein. Bestenfalls ein unspezifischer Wunsch. Mit den folgenden Fragen machen wir ein Ziel daraus:

- **Wer?** In der Aussage oben wird nicht klar, wer die Verantwortung dafür trägt, dass mehr Umsatz generiert wird. Wenn der Verantwortliche fehlt, steht die Aussage ziemlich einsam da.

Wünsche, Träume und Ziele verpuffen, wenn sie niemandem »gehören«, wenn niemand Sorge für sie trägt.

- **Was?** Ist Ihnen klar, was »mehr Umsatz« bedeutet? Vermutlich nicht. In einer klaren Zielvereinbarung sind die Kriterien für das »Was« genau beschrieben. Wie viel Prozent mehr Umsatz soll generiert werden? 10, 20, 50 %? Und reicht Umsatz oder geht es auch um Deckungsbeiträge oder Gewinn? Vielleicht ist es auch wichtig, in welchen Produktgruppen oder mit welchen Produkten und Dienstleistungen 12,5 % mehr Umsatz gemacht wird.

- **Wann?** »Wieder mal« kann morgen oder in ein paar Jahren sein. Legen Sie eine bestimmte Zeitperiode oder einen Termin fest. Definieren Sie das Jahr, den Monat, den Tag und, wenn nötig, auch die Uhrzeit. Vereinbaren Sie zudem gleich Evaluationstermine, vor allem wenn es umfangreichere Ziele sind. Damit unterstützen Sie die Ergebnisorientierung in Ihrem Team.

- **Verbindlich?** Bei dieser Frage gehen wir in grammatikalische Details, um das Ziel so verbindlich wie möglich zu formulieren:

  - »Ich würde«, »Wir könnten« – der Konjunktiv beschreibt nur eine Möglichkeit. Und Möglichkeiten sind stets sehr unverbindlich. Also: Finger weg vom Konjunktiv!

  - »Ich werde« – das Futur, die Zukunft ist schon besser. Sie deutet auf eine klare Absicht hin. Aber es geht noch besser!

  - »Ich mache«, »Wir entwickeln« – das Präsens ist tatsächlich verbindlich, denn es lässt bei der Zielformulierung keine Abweichungen mehr zu.

Kurz gesagt: Mithilfe von Zielen vereinbaren Sie also zukünftige Ergebnisse. Nach unserer Erfahrung tun sich viele Führungskräfte leichter mit der Zielformulierung, wenn sie an die konkreten Ergebnisse denken, die sie für den Unternehmenserfolg oder den Erfolg des Teams benötigen.

## Vereinbart ist besser als verordnet

In der transformationalen und der transaktionalen Führung unterscheiden sich die Qualitätsmerkmale eines Ziels nicht. Sehr wohl gibt es aber Unterschiede in der Art und Weise, wie damit umgegangen wird.

Natürlich können Sie Ziele auch anordnen. In der Unternehmenspraxis wird das häufig der Fall sein, denn nicht alle angestrebten Ergebnisse sind frei verhandelbar. Wenn ein Handelsunternehmen einen Mindestumsatz von 300 Millionen Euro und einen Rohertrag von durchschnittlich mindestens 35 % der Verkaufserlöse benötigt, um sich stabil weiterzuentwickeln, können die Vertriebsleiter mit ihren Verkaufsexperten nicht einfach, »weil der Markt gerade so schwer ist«, in Summe kleinere Verkaufsziele mit geringeren Margen vereinbaren. Und dennoch: Echtes Commitment erzielen Sie nur, wenn Sie die Ziele gemeinsam mit Ihrem Team vereinbaren und sie nicht top-down einfach verordnen.

## Lassen sich Ziele virtuell vereinbaren?

Bis hierher unterscheiden sich Ziele, die im virtuellen Raum gesetzt werden, so gut wie nicht von den Zielen, die offline Face
to Face vereinbart wurden. Ziele sind Ziele, egal ob sie geschrieben, mündlich verkündet oder aufgezeichnet sind. Unklare Ziele
werden nicht besser, nur weil sie in einem persönlichen Treffen
besprochen wurden. Doch eines ist im Vergleich zwischen On-
line- und Offline-Vereinbarungen sehr wohl anders: Stellen Sie
sich vor, Sie haben eine Vereinbarung getroffen, egal mit wem
und worüber. Inhaltlich ist und bleibt es eine Vereinbarung, egal
ob Sie sie niedergeschrieben oder nur mündlich fixiert haben.
Wenn beide Seiten verbindlich zustimmen, dann gilt, was ab-
gesprochen wurde. Aber wie geht es Ihnen, wenn Sie die Vereinbarung nochmals mit einem Handschlag besiegeln und dem
anderen dabei in die Augen schauen? Selbstverständlich erhöht

sich dann die Verbindlichkeit für beide Seiten, ebenso der Wille, sich auch wirklich dafür einzusetzen.

Genau hier spielt also wieder die Kontaktdichte der jeweiligen Medien eine Rolle, die Ihnen im Kapitel »Virtuelle Kommunikation in der Mitarbeiterführung« schon einmal begegnet ist. Beim Führen auf Distanz gilt folgende Regel: Je wichtiger das Thema ist, je mehr Austausch es braucht, umso wichtiger ist es, das Medium mit der größten Kontaktdichte zu wählen. Treffen Sie eine Zielvereinbarung mit Ihrem Team, geschieht das also am besten via Videokonferenz – selbstverständlich mit eingeschalteter Kamera!

### Der virtuelle »Handschlag«

Damit auch beim virtuellen Führen Ziele klar und verbindlich zwischen Ihnen und Ihren Mitarbeitern vereinbart werden, hilft eine einfache Struktur. Wenn Sie dieser Checkliste folgen, wird Ihnen und Ihrem Team der virtuelle Zieldialog leichter fallen:

1. **Für den Rahmen sorgen**: Wählen Sie einen Termin, der für Sie alle gut passt.

2. **Verständnis für die Ausgangslage sichern**: Vermitteln Sie Ihrem Team die Hintergründe und die Ausgangssituation, bevor Sie zu den Zielen kommen. Lassen Sie Fragen und einen Austausch darüber zu.

3. **Teamziele herausarbeiten und Aufgaben festlegen**: Mit welchen Teamzielen lässt sich das übergeordnete Ziel erreichen? Wie sieht der Beitrag jedes Einzelnen dazu aus? Diskutieren Sie das gemeinsam mit Ihren Mitarbeitern.

4. **Online dokumentieren:** Halten Sie wichtige Informationen gleich online auf einem Dokument oder im Chat fest.

5. **Alignment und Umsetzung absichern**: Stellen Sie am Ende des Zielgesprächs an jeden Mitarbeiter folgende Fragen und notieren Sie seine Antworten:

   – Was sind die Ergebnisse, für die du dich verantwortlich fühlst?

   – Wann hast du die Ergebnisse/Ziele erreicht?

   – Worauf kommt es an, dass du darin erfolgreich bist?

   – Welche Unterstützung benötigst du von mir dazu?

---

**Reflexion: Ziele**

- Denken Sie an Ihre persönlichen Ziele: Entsprechen diese den Zielkriterien?
- Haben Sie die Ziele mit Ihrem Team gemeinsam vereinbart oder haben Sie sie angeordnet?
- Wie vereinbaren Sie Ziele: per E-Mail, Telefon oder per Videokonferenz?
- Achten Sie bei der Vereinbarung von Zielen auch auf nonverbale Signale wie z. B. Augenbrauen heben, unterbrochener Blickkontakt etc.? Sind Sie sicher, dass Sie die Signale der Zustimmung richtig deuten?
- Wie gestalten Sie das Feedback zur Zielerreichung? Nur über Kontrollen in den dafür bereitgestellten Systemen? Oder haben Sie auch regelmäßige Treffen dazu vereinbart?

---

# Effiziente Meetings auf Distanz

»Wir meeten uns zu Tode!« Das hören wir ganz oft von unseren Kunden, die von einer Besprechung in die nächste driften. Wie Sie mehr Effektivität und Effizienz in Ihre Online-Meetings bringen, erfahren Sie hier.

Lassen Sie uns als Erstes erläutern, was wir unter einem virtuellen Meeting verstehen. Dabei handelt es sich um eine Besprechung, bei welcher sich mindestens zwei Personen virtuell mit einer bestimmten Intention treffen. Gründe für solche Zusammenkünfte gibt es viele: Kommunikation und Informationsaustausch zwischen Führungskraft und Mitarbeiter, Planung, Entscheidungsfindung, Problemlösung mit dem gesamten Team oder gemeinsame Präsentationen und Meetings mit Kunden. Uns ist natürlich bewusst, dass auch das Meeting per Telefon ein virtuelles Meeting ist. Wir beschränken uns jedoch nachfolgend auf Videobesprechungen, da sie mittlerweile Telefonkonferenzen weitgehend abgelöst haben.

Um eine Besprechung effektiv zu machen, sind folgende elementare Bausteine zu beachten:

- konsequente Zielsetzung (Was wollen wir mit diesem Meeting erreichen?),
- genaue Planung,
- fokussierte Bearbeitung der Inhalte,
- Einhalten des Zeitplans,
- klare To-dos am Ende des Meetings inklusive Terminschiene.

Daneben gibt es eine Reihe weiterer Aspekte, die Sie und alle Teilnehmer berücksichtigen sollten, damit Ihre Videokonferenzen erfolgreich verlaufen.

## 1 Ziel und Typus der Besprechung festlegen

Start with Why: Warum braucht es das Meeting? Welches Ziel verfolgen Sie damit: Information, Problemlösung oder Entscheidungsfindung?

### BEISPIEL: ONLINE-STAND-UP-MEETING

Nutzen Sie ein kurzes tägliches Teammeeting als Start in den Tag, am besten per Videokonferenz. Dort können Sie klären, was für den Tag ansteht, wie die Projekte laufen und auch, wo es Probleme gibt und wer Ihre Unterstützung benötigt. So behalten Sie das Team im Auge und bleiben auf dem Laufenden.

Wenn Sie normalerweise mit Ihren Mitarbeitern einmal am Tag kurz zusammensitzen, können Sie das auch aus dem Homeoffice fortführen. Einzeltermine sind per Videokonferenz genauso möglich wie offline. Vereinbaren Sie dafür jedoch feste Zeiten, damit Sie und Ihre Teammitglieder sich darauf vorbereiten können.

Legen Sie ein eindeutiges, messbares Ziel für die Zusammenkunft fest. Handelt es sich um ein reines Meeting oder benötigen Sie auch Workshop-Elemente, um die Meeting-Ziele umsetzen zu können? Ist eine Präsentation oder ein Vortrag im Meeting zielführend?

## 2 Vorbereitung

Teilnehmer, die bei einer virtuellen Videokonferenz miteinander arbeiten, verhalten sich anders als bei einem persönlichen Treffen. Deshalb erfordern die Online-Meetings auch eine etwas andere Vorbereitung.

- **Eisbrecher:** Offline-Treffen beginnen oft mit einem Kaffee vor oder schon im Besprechungsraum. Man steht locker zusammen und tauscht sich aus, persönliche und fachliche Brücken werden geschlagen. Diesen Smalltalk als Eisbrecher gibt es bei virtuellen Meetings nicht. Planen Sie daher etwas anderes, um am Anfang die Atmosphäre zu lockern: Vielleicht fällt Ihnen eine schöne Kunden-Story ein oder ein lustiges Erlebnis aus Ihrem Homeoffice-Alltag.

- **Rollen und Teilnehmer:** Wenn Sie als Führungskraft das Meeting einberufen, machen Sie sich Ihre Rolle vorab klar. Moderieren Sie das Meeting komplett? Oder überlassen Sie einzelne Abschnitte Ihren Mitarbeitern? Vielleicht bietet sich auch ein Wechsel an. Falls ja: Wer ist für welchen Part verantwortlich? Wer bereitet was vor? Schließlich ist wie bei einem normalen Meeting vorab zu klären, wer als Teilnehmer dabei sein sollte.

- **Agenda und Arbeitsfragen schärfen:** Legen Sie die Agenda für das Meeting fest und versehen Sie sie mit einer realistischen Zeitplanung. Planen Sie möglichst kurze Einheiten und bei längeren Meetings auch immer wieder Pausen mit ein. Vor dem Bildschirm lässt die Aufmerksamkeit der Teilnehmer schneller nach als in einem Offline-Meeting. Welche Arbeitsfragen sollen im Meeting geklärt werden? Welche Methoden wollen Sie zur Aufbereitung, Klärung und Entscheidungsfindung nutzen?

- **Einladung:** Verschicken Sie die Einladung via E-Mail einige Tage vorab inklusive der Agenda. So können sich Ihre Mitarbeiter auf die Besprechung vorbereiten. Heutige Online-Meeting-Lösungen bieten die Option, den Einladungslink zum digitalen Meetingraum direkt im Kalender zu speichern.

- **Technik:** Damit ein produktives Meeting möglich ist, muss jeder Teilnehmer sicherstellen, dass seine Technik einsatzbereit ist. Hängen Sie der Einladung eine kurze Checkliste an, damit Ihre Mitarbeiter wissen, auf welche technischen Voraussetzungen sie achten müssen. Wir empfehlen, Ihren Mitarbeitern rechtzeitig vor der ersten Videokonferenz folgende Frage mit Antwortoptionen zu stellen: Wie vertraut sind Sie mit der Technik: gar nicht – kaum – teilweise – gut – sehr gut? Coachen Sie diejenigen Mitarbeiter, die »gar nicht« oder »kaum« angekreuzt haben. Bitten Sie Ihre Mitarbeiter darum, vor dem Meeting zu prüfen, ob Login, Mikrofon und Kamera funktionieren, und zwar mit einem ausreichenden zeitlichen Vorlauf, sodass Probleme notfalls noch behoben werden können. Mehr Infos zur Technik finden Sie im Kapitel »Die Technik meistern«.

- **Umgebung und Hintergrund:** Wenn Sie nicht vom Büro aus konferieren oder aus den unternehmensinternen Meetingräumen, sollten Sie sich auch mit Ihrer Umgebung auseinandersetzen: Was wollen Sie von sich preisgeben? Wenn Sie im Homeoffice sind, wählen Sie am besten eine ruhige, klare Umgebung, in der Sie nicht gestört werden. Vermeiden Sie grelles Gegenlicht. Wenn Sie in erster Linie online und remote arbeiten, macht es sogar Sinn, sich intensiv mit der Lichtsetzung und dem technischen Equipment dafür auseinanderzusetzen. Bei vielen Online-Meeting-Anbietern können Sie leicht

Fotos und damit ein passendes Hintergrundbild einbauen. Hier sollten Sie sich stets von folgenden Fragen leiten lassen: Was unterstützt das Meeting in besonderem Maße? Was spricht die Zielgruppe an? Was sollen meine Mitarbeiter von mir wahrnehmen? Wollen Sie eventuell sogar ein Markenzeichen entwickeln, um sich selbst einen Brand zu geben? Es lohnt in jedem Fall, sich hierüber Gedanken zu machen. Hilfreiche Tipps hierzu finden Sie im Kapitel »Ihre virtuelle Präsenz«.

- **Kamera:** Kamera an oder aus? Das ist ein leidiges Thema in vielen Unternehmen. Wir sind es nicht gewohnt, »gefilmt« zu werden und vergleichbar wie TV-Darsteller auf dem Bildschirm zu erscheinen. Daher haben viele eine große Scheu vor der Kamera. Sie verbinden eher negative Gefühle damit. Doch exakt mit diesem Medium können Sie als Führungskraft besonders viel erreichen. Die Kamera schafft Nähe. Sie gibt Orientierung. Sie erweitert das Wahrnehmungsspektrum und macht es leichter, Vertrauen auf- und auszubauen. Sie macht Sie sichtbar und präsent. Ohne laufen Sie Gefahr, die Aufmerksamkeit der Teilnehmenden ganz schnell zu verlieren. Ohne wissen Sie auch nicht, was diese gerade tun. Also ganz klar: Kamera an! Das raten wir auch denjenigen, die sich durch die Kamera unter Druck gesetzt fühlen. Mit einer Kamera setzen Sie sozusagen ein Social Framing, einen Rahmen für Ihre Meetings. Sie konzentrieren sich darauf, Vertrauen auf- und weiter auszubauen. Positionieren Sie die Kamera so, dass sie auf der Ebene Ihrer Augen ist. Wenn sich die Kamera unterhalb befindet, was normal ist, wenn Computer bzw. Laptop auf dem Tisch stehen, dann wirken Sie von oben herab. Sie schauen dann nämlich, für andere wahrnehmbar, ständig nach unten. Zeigen Sie das, was Ihnen auch in der Zusammenarbeit wichtig ist: ein Miteinander auf Augenhöhe.

## 3 Durchführung

Auch bei der Durchführung virtueller Meetings gibt es einige Dos and Don`ts. Die wichtigsten Punkte haben wir hier für Sie zusammengefasst.

### Das Ziel im Blick

Haben Sie im Meeting immer das Ziel und die Arbeitsaufgabe fest im Blick. Sagen Sie klar, was Sie wollen und welche Erwartungen Sie haben. Verlieren Sie jedoch bei aller Zielgerichtetheit zwei Aspekte nicht aus den Augen: die Wertschätzung und das positive Feedback für Ihre Mitarbeiter, für Ihr Team. Denn auch im virtuellen Raum geht es vor allem um eines: um Menschen!

### Moderation

Im virtuellen Meetingraum kann es zu Übertragungsverzögerungen kommen. Wenn alle durcheinanderreden oder sich gegenseitig unterbrechen, versteht niemand mehr etwas. Moderatoren kommt daher die Aufgabe zu, den Teilnehmenden Redezeiten zuzuweisen bzw. das Wort zu erteilen. Hierbei hilft die Verabredung von Handzeichen. In einigen Online-Meeting-Programmen gibt es inzwischen auch Symbole, die man aktivieren kann, wenn man etwas zum Meeting beitragen möchte. Sprechen Sie als Moderator klar und deutlich und, wenn möglich, auch ein wenig langsamer als sonst. Schnellrednern hilft es, Pausen nach den Sätzen einzulegen. So vermeiden sie Verständnisprobleme. Beobachten Sie aufmerksam die Reaktionen der Anwesenden. Behalten Sie die Zeit im Blick oder installieren Sie einen Timekeeper. Das kann eine Stoppuhr sein oder ein Mitarbeiter, der auf die Zeit achtet.

Der rote Faden des Meetings geht online schneller verloren. Nutzen Sie daher Ihre Agenda und blenden Sie sie immer wieder ein, damit auch die Teilnehmenden sehen, um welche Topics es gerade geht. Weisen Sie immer wieder auf bereits erzielte Ergebnisse, den Zwischenstatus etc. hin, damit alle den jeweiligen Stand im Blick behalten. Holen Sie sich zwischendurch kurze Feedbacks von Ihren Mitarbeitern ab, um zu sehen, dass jeder weiterhin dabei ist. Besonders gut geht das mit Skalierungsfragen (siehe Kapitel »Transformationale Führung«). Via Zoom können Sie auch Stimmungsbilder abfragen. Dort gibt es ein »Daumen hoch«-Symbol und vergleichbare Emoticons.

Wenn Sie selbst moderieren, sollten Sie die folgende Checkliste beherzigen bzw. diese mit weiteren Moderatoren von Unterparts abstimmen.

### Checkliste: Aufgaben für Online-Moderatoren

- Übernehmen Sie den Check-in der Teilnehmenden: Begrüßen Sie sie und beantworten Sie Fragen zum Meeting.
- Legen Sie Ziele und Arbeitsaufgaben fest. Nutzen Sie Ihre Agenda.
- Wer protokolliert das Meeting? Bestimmen Sie gemeinsam einen Protokollführer.

## Checkliste: Aufgaben für Online-Moderatoren

- Klären Sie Rahmen und Zeiten. Erläutern Sie Methoden und Arbeitsweisen.
- Schaffen Sie eine vertrauensvolle Meeting- und Gesprächsatmosphäre.
- Visualisieren Sie das Besprochene, indem Sie Ihren Bildschirm mit den Teilnehmenden teilen: mit Präsentationsfolien, Bildern, hilfreichen Dateien und hin und wieder auch mit der Einblendung der Agenda.
- Nutzen Sie Fragetechniken und paraphrasieren Sie, geben Sie also das Gehörte in Ihren eigenen Worten wieder.
- Legen Sie gemeinsam mit Ihrem Team Spielregeln fest: Entwerfen Sie eine Meeting-Netiquette.
- Beziehen Sie Ihre Mitarbeiter in Entscheidungen ein.
- Beobachten Sie den Meeting-Prozess aufmerksam und nutzen Sie entsprechende Interventionen, wenn das nötig ist (siehe hierzu auch das Kapitel »Konflikte im virtuellen Team«).
- Schärfen Sie Ihre Wahrnehmung für Unstimmigkeiten und Kommunikationsbarrieren. Sprechen Sie diese an – je nach Ursache direkt im Meeting oder bei sensibleren Themen im Zweier-Gespräch.
- Machen Sie Pausen und fassen Sie Zwischenergebnisse zusammen.
- Beenden Sie Ihre Meetings stets mit Ergebnissen und einem Aktionsplan mit klaren To-dos.
- Evaluieren Sie Ihr Meeting im Nachgang.

### Ton

Halten Sie den Geräuschpegel um sich herum so gering wie möglich. Schließen Sie Fenster und Türen und stellen Sie Ihr Telefon und Handy auf lautlos. Auch die anderen Teilnehmenden sollten dafür sorgen, dass sie ihre volle Aufmerksamkeit dem Online-Treffen widmen können. Klären Sie das am besten bereits vor dem Meeting mit Ihren Mitarbeitern und dem Team.

Das Rascheln von Papier oder das Abstellen von Kaffeetassen und Geschirr kann unangenehm laut sein, zumal die Mikrofone heute sehr sensibel sind. Ebenso störend ist es, wenn man jedes Schlucken oder Hüsteln hört. Vereinbaren Sie daher, die Mikros stumm zu schalten, wenn kein Wortbeitrag geleistet wird.

### Meeting-Disziplin

Alle Teilnehmer sollten sich ganz auf das Meeting konzentrieren. Hier helfen klare Regeln, die Sie vorab mit Ihrem Team festlegen sollten, beispielsweise diese:

- Keine E-Mails und kein Surfen nebenbei.
- Keine Gespräche außerhalb des Meetings – nicht mit anderen Kollegen oder gar Mitbewohnern im Homeoffice.

Der Fokus sollte allein auf dem Meeting liegen.

### Check-in und Aufmerksamkeit generieren

Seien Sie als Moderator am besten immer 5 Minuten vorher im Meeting. Für Teilnehmer ist es irritierend, wenn nur ein leerer Stuhl zu sehen ist oder alles noch schwarz ist. Zudem lässt sich in dieser Zeit gut Smalltalk mit den bereits anwesenden Teilnehmern führen.

In Untersuchungen zu virtuellen Meetings werden deren erste 60 Sekunden als besonders wichtig eingestuft (Hale/Grenny, 2020). Nutzen Sie methodisch-didaktische Techniken, um die Aufmerksamkeit Ihrer Teilnehmenden zu gewinnen und gut zu starten.

- Als Moderator können Sie z. B. jeden fragen: Was brauchst du, damit du heute optimal an diesem Meeting teilnehmen kannst? Gibt es etwas, dass dir im Kopf herumschwirrt? Oder: Gibt es etwas, was dich beschäftigt und das du in der Runde teilen möchtest?

- Sie können auch mit ein wenig Smalltalk beginnen. Fragen Sie der Reihe nach: Was ist dir diese Woche Positives passiert? Was hast du am Wochenende erlebt? Wichtig ist, dass Sie die Fragen zuletzt auch selbst beantworten, da auch Sie Teil der Gruppe sind.

- Wenn es darum geht, ein Problem zu lösen, sollte Ihr Team das Problem förmlich spüren: Was meinen wir damit? Legen Sie die Painpoints klar dar, visualisieren Sie sie oder nutzen Sie Storytelling, um das Problem zu schildern.

- Bringen Sie Ihre Mitarbeiter von einer passiven Beobachterrolle in eine aktive Teilnehmerrolle. Wichtig ist, dass sie ins Denken kommen und sich und ihre Ideen einbringen. Nur zu sagen: »Ich möchte, dass Sie sich hier einbringen.«, reicht nicht zur Aktivierung aus. Es braucht mehr: Sprechen Sie die Teilnehmenden persönlich mit ihrem Namen an und stellen Sie ihnen Fragen. Oder verteilen Sie Aufgaben. Teilen Sie dazu Ihr Team in Zweier- oder Dreiergruppen ein. Geben Sie diesen je nach Aufgabe ein paar Minuten Bearbeitungszeit in einem Breakout-Raum. Die Ergebnisse können dann vor allen kurz präsentiert werden.

- Im Meetingraum finden Menschen über Blicke zueinander. Im virtuellen Meeting fehlt jeglicher Blickkontakt. Deshalb ist es Aufgabe der Moderation, die Teilnehmer geschickt zusammenzubringen. Sie können abfragen, wer mit wem noch nicht zusammengearbeitet hat, oder auch einfach selbst die Gruppen festlegen. Fassen Sie die Ergebnisse oder Ideen aus der Gruppenarbeit im Plenum noch einmal kurz zusammen. Abstimmungen zu den Ergebnissen funktionieren gut via Chat mit den entsprechenden Emojis.

## Pannen

Online ist nicht immer alles planbar. Auch wenn Sie das Meeting gut vorbereitet haben, kann etwas schiefgehen. Entspannen Sie sich und lassen Sie sich nicht von Pannen aus dem Konzept bringen. Sie können nicht über alles die Kontrolle behalten. Nehmen Sie es locker, wenn plötzlich die Kinder des Mitarbeiters im Homeoffice neugierig in die Kamera blicken oder ein Haustier auf dem Bildschirm erscheint oder immer wieder das Bild einfriert, weil das WLAN ausfällt. Vielleicht lockert genau das Ihr Meeting auf und alle lachen kurz und sind wieder dabei.

## Visualisierung und Dokumentation

Sorgen Sie für die Protokollierung und Dokumentation der wichtigen Punkte. Nutzen Sie Visualisierungstools, um Ideen, Abläufe, Zusammenhänge und die Agenda für alle zu verdeutlichen. Bilder bleiben besser in Erinnerung als Worte.

Fassen Sie Beschlüsse und halten Sie die Ergebnisse und To-dos schriftlich fest. Definieren Sie genau, wer was bis wann macht. Aktivitätenplan, Roadmap und ein Ausblick runden Ihr Meeting ab.

## Nachbereitung

- **Ergebnisprotokoll:** Lassen Sie einen Mitarbeiter im Anschluss an das Meeting ein Ergebnisprotokoll anfertigen. Legen Sie es auf der gemeinsamen Projektplattform ab oder verschicken Sie es per E-Mail. Es sollte für alle Teilnehmer zugänglich sein. Damit erhöhen Sie die Verbindlichkeit der erarbeiteten Ergebnisse und geben dem virtuellen Meeting die gleiche Bedeutung wie einer persönlichen Besprechung. Zudem lassen sich so Missverständnisse über getroffene Absprachen vermeiden.

- **Aufzeichnung:** Viele Tools ermöglichen die Aufzeichnung der Besprechung. So können Sie Mitarbeiter, die nicht teilnehmen, im Nachgang noch erreichen.

- **Retrospektive:** Es ist noch kein Meister vom Himmel gefallen. Um die Meeting-Kultur in Ihrem Team Schritt für Schritt weiterzuentwickeln, ist es wichtig, am Ende jedes Meetings zurückzublicken und zu evaluieren. Beantworten Sie dazu für sich selbst und auch gemeinsam mit Ihrem Team folgende Fragen: Was lief gut? Was lässt sich verbessern? Sammeln Sie hierzu Ideen und diskutieren Sie sie in der nächsten Besprechung.

# Feedback – elementar in der virtuellen Zusammenarbeit

Remote zu arbeiten birgt viele Vorteile: Wissen ist so viel einfacher und transparenter mit vielen Menschen überall auf der Welt teilbar. Durch die Digitalisierung sind Informationen an jedem Ort sofort erhältlich. Im Team ist eine hohe Selbststeuerung möglich. Die Mitarbeiter können ihr Berufsleben flexibel gestalten und auf ihre privaten Bedürfnisse anpassen. Reisekosten werden eingespart und die Umwelt wird geschont.

Doch es gibt auch Nachteile: Die Kommunikation untereinander beschränkt sich meist auf die Aufgaben; das Zwischenmenschliche kommt zu kurz. Die Intensität eines Face-to-Face-Treffens kann durch Online-Meetings nicht erreicht werden. Das Team ist auf funktionierende Technologie und die Technikaffinität der Mitarbeiter im Team angewiesen. Die Isolation im Homeoffice macht Menschen oft zu schaffen. Sie fühlen sich weniger sozial verankert als im Büro. Vertrauen und die Beziehungsebene müssen aktiv gepflegt und aufgebaut werden. Anerkennung und Feedback kommen oft zu kurz. Die Mitarbeiter vermissen die persönliche Wertschätzung.

Vor allem der letzte Aspekt ist ein Problem. Rückmeldungen sind wichtig, damit Mitarbeiter mit ihren Leistungen nicht im luftleeren Raum schweben. Wer auf Distanz arbeitet, sucht Nähe und Zugehörigkeit. Genau das sollten Führungskräfte beherzigen. Feedback ist unendlich wichtig, um diese Verbindung zu schaffen und die Mitarbeiter zu motivieren.

## Richtig Feedback geben

Wir erleben oft, dass Menschen anderen kein richtiges Feedback geben können. Differenziertes Feedback erschöpft sich nicht in den Worten: »Das hast du gut oder schlecht gemacht.« Eine solche Aussage beurteilt lediglich das Tun des anderen –

quasi mit erhobenem Zeigefinger und von oben herab. Beim Feedback geht es jedoch um etwas anderes: Der Feedback-geber beschreibt seine eigene Wahrnehmung und überlässt es dem anderen, die Informationen für sich zu verwerten. Hier ein paar Tipps für gutes Feedback:

- Kündigen Sie Ihr Feedback stets an und holen Sie sich vorab die Erlaubnis Ihres Mitarbeiters dafür: »Kann ich dir hierzu eine kurze Rückmeldung geben?« Feedback entfaltet seine volle Wirksamkeit nur dann, wenn es auf freiwilliger Basis geschieht.

- Geben Sie einem Mitarbeiter positives Feedback im Zweierge-spräch und auch öffentlich im virtuellen Meeting vor dem Team.

- Das Feedback soll für den Empfänger nachvollziehbar sein. Es muss deswegen klar, eindeutig und möglichst konkret for-muliert sein. Zunächst geht es darum, genau zu beschreiben, was der andere gemacht hat – ohne zu verallgemeinern (also nicht: »Immer kommst du zu spät!«). Erst dann sollte dar-gelegt werden, was den Feedbackgeber daran gestört hat.

- Die beschriebene Beobachtung sollte selbstverständlich sachlich richtig sein und keine moralische Wertung oder Ver-urteilung enthalten. Der andere gerät sonst allzu schnell in eine Verteidigungshaltung.

- Wichtig ist, dass Sie als Feedbackgeber veränderbares Ver-halten ansprechen und nicht etwa Dinge, die der andere gar nicht beeinflussen kann.

- Gutes Feedback beschränkt sich auf wahrgenommene Beob-achtungen und versucht Interpretationen zu vermeiden.

**BEISPIEL: BEOBACHTUNG VERSUS INTERPRETATION**

»Herr Müller geht schnell auf und ab«, ist eine Beschreibung. Schließt man daraus, dass Herr Müller Stress hat oder dass er ein hektischer und nervöser Typ ist, handelt es sich um eine Interpretation.

- Wenn der Feedbackgeber die Wirkung, die das beobachtete Verhalten auf ihn hat, anspricht, so geschieht das am besten mit einer »Ich-Botschaft«. Du-Botschaften wirken anklagend, Man-Botschaften wirken distanziert.

**BEISPIEL: ICH VERSUS DU ODER MAN**

Sagen Sie: »Ich schließe daraus, dass ...« – und nicht: »Du hast ...«, oder: »Man sollte ...«.

- Feedback ist nur sinnvoll, wenn der Feedbackgeber dem Empfänger eine nützliche Rückmeldung anbietet, mit der dieser etwas anfangen kann.

- Geben Sie immer möglichst unmittelbar Feedback. Nur wenn zwischen Feedbackereignis und Feedback eine kurze Zeitspanne liegt, kann es wirkungsvoll sein.

- Bei negativem Feedback sollte Ihr Mitarbeiter in einer stabilen emotionalen Situation sein, damit er es auch annehmen kann. Feedback zu geben, wenn der andere gerade wütend oder sehr traurig ist, hat nur wenig Sinn.

- Berufen Sie regelmäßige Feedback-Gespräche mit Ihren Mitarbeitern ein.

## Die 3-W-Methode für das Feedback zwischendurch

Eine einfache und sehr wirksame Feedback-Technik, die auch für Remote Leader geeignet ist, ist die 3-W-Methode. Sie bietet sich an, wenn Sie schnell mal »zwischendurch« Feedback geben wollen. Mit ihrer pragmatischen, einfachen Struktur hilft Sie Ihnen dabei, Rückmeldung zu geben, die der Empfänger leichter annehmen kann.

1. Wahrnehmung schildern: »Mir ist aufgefallen, dass …«

2. Wirkung erläutern: »Das wirkt auf mich so: …«

3. Wunsch formulieren: »Ich wünsche mir, …«

## Die Feedback-Vollversion für Anerkennung und Kritik

Wenn Ihnen das Thema besonders wichtig ist, wenn Sie umfangreicheres Feedback z. B. im Rahmen eines qualifizierten Mitarbeitergesprächs planen oder wenn es z. B. bei einem kritischen Feedback schon mehrere Vorrunden gab, bietet sich eine Erweiterung des 3-W-Modells an. Genauso wie die Ursprungsvariante der 3 W können Sie diese Vollversion sowohl für positive als auch für negative Rückmeldungen einsetzen.

### Zum Start: Gefühlsfalle vermeiden

Wenn uns gerade starke Gefühle bewegen, wenn wir uns z. B. besonders ärgern oder freuen, tendieren wir dazu, das als Erstes auszusprechen. Dann leiten wir unsere Rückmeldung z. B. mit folgenden Worten ein: »Was mich ärgert ...«, »Was mich besonders freut ...«. Doch mit der Schilderung dieser Gefühle geben wir automatisch eine Wertung ab. Damit verstoßen wir aber gegen ein wichtiges Prinzip guten Feedbacks: Nur Beobachtung und keine Interpretation! Vor allem bei negativen Rückmeldungen führt das den Feedbackempfänger – verständlicherweise – direkt in eine Verteidigungshaltung. Doch wie tappen Sie erst gar nicht in diese Gefühlsfalle? Hier hilft der folgende Schritt.

### 1 Die Ausgangssituation beschreiben

Stellen Sie sich vor, Ihr Mitarbeiter hat sich zum dritten Mal in der Woche um mehr als 25 Minuten zu spät an seinem Arbeitsplatz eingeloggt, von dem aus er Kundenanliegen beantworten soll. Kunden haben sich bereits bei Ihnen darüber beschwert, dass Ihr Mitarbeiter nicht zu den angegebenen Service-Zeiten erreichbar ist.

Die Ausgangssituation könnten Sie nun etwa so beschreiben: »Du bist in deiner Rolle als Service-Experte dafür verantwortlich, dass du für Kunden in der Zeit von 8 bis 16 Uhr erreichbar bist.« Der Mitarbeiter kann gegen eine neutrale Beschreibung wie diese nichts einwenden. Ein »Ja, aber ...« wäre nicht angebracht.

### 2 Das Verhalten beschreiben

In dieser Phase geht es darum, zu beschreiben, was der Mitarbeiter genau getan hat. Was haben Sie beobachtet? Aus der Distanz lässt sich oft nur wenig wahrnehmen. Auch im Beispielsfall weiß die Führungskraft vermutlich nicht genau, was der Mitarbeiter vor seinem verspäteten Einloggen gemacht hat. Ist er zu spät aufgestanden, hat er herumgetrödelt, sich verzettelt? Alles nicht beobachtbar! Daher können wir die Beschreibung des wahrgenommenen Verhaltens meist sehr kurz halten: »Du hast dich so organisiert ...«.

### 3 Das Ergebnis beschreiben

Hier fahren Sie fort, indem Sie das wahrgenommene Ergebnis beschreiben: »... dass du dich in dieser Woche montags, mittwochs und auch heute mehr als 15 Minuten zu spät ins System eingeloggt hast.«

Sollte die Beschreibung nicht passen, können Sie sich mit Ihrem Mitarbeiter darüber austauschen, bis ein Konsens über das besteht,

1. was die tatsächliche Ausgangssituation war,

2. wer was tatsächlich gemacht hat und

3. was das Ergebnis ist.

Für Sie hat dieses Verfahren einen großen Vorteil: Sie arbeiten sowohl die Ausgangslage als auch das Ergebnis daraus klar heraus. Und genau das sind die Informationen, die wir als Leader in jedem Fall benötigen, wenn wir nicht im Blindflug führen wollen.

### 4 Die Folgen des Ergebnisses beschreiben

Nun geht es darum, die Folgen des Ergebnisses festzustellen. Denn jedes Ergebnis führt zu weiteren Konsequenzen. In unserem Beispiel könnten wir es so formulieren: »Das hat dazu geführt, dass Kundenanfragen liegengeblieben sind, teilweise Kollegen die Arbeit übernehmen mussten und schließlich auch noch eine Beschwerde eines Kunden über dich bei mir eingegangen ist.«

Auch hier gilt wieder: Wenn Sie die Konsequenzen richtig beschreiben, schlagen Sie zwei Fliegen mit einer Klappe.

1. Sie machen dem Mitarbeiter bewusst, dass jedes Tun Folgen hat, erwünschte und unerwünschte.
2. Sie stellen klar, wie Dinge zusammenhängen, was wiederum die Orientierung des Mitarbeiters stärken kann.

Damit coachen Sie den Mitarbeiter, seine Organisation und sein Verhalten zu überdenken und zu ändern, wenn es nötig ist.

## 5 Ihre Bewertung

Jetzt erst kommen wir dazu, die ganze Sache zu bewerten. In unserem Beispiel wird diese Reaktion vermutlich eine recht einfache sein: »Finde ich nicht gut …, so etwas will ich einfach nicht …« Egal wie die Bewertung ausfällt – in jedem Fall ist sie nun für den Feedbackempfänger nachvollziehbar und verständlich.

Versuchen Sie es selbst. Stellen Sie sich vor, Sie wollen einem Ihrer Mitarbeiter Feedback geben.

| Feedback-Schritte | Ihr Beispiel |
|---|---|
| Was ist die Ausgangssituation? | |
| Was hat der Mitarbeiter genau getan? | |
| Was ist das objektive, konkrete Ergebnis? | |
| Welche Konsequenzen/weitere Folgen hatte das Ergebnis? | |
| Wie beurteilen Sie daher den Beitrag des Mitarbeiters? | |

### Noch ein wenig Feedback-Psychologie

Die Gefühlsfalle haben Sie bereits kennengelernt: Wer Feedback mit der subjektiven Wirkung beginnt, die das Verhalten auf ihn hat, tappt aber nicht nur in diese Grube, sondern fällt von dort aus gleich in die nächste: in die Rechtfertigungsfalle. Er muss nämlich seine Bewertung dann auch noch verteidigen und im Nachgang begründen. Wenn wir mit anderen sprechen und Informationen vermitteln wollen, ist es jedoch besser, dem Prozess des Verstehens zu folgen. Dieser Prozess läuft immer in folgender Weise ab:

- Orientierung,
- Fakten sammeln,
- Zusammenhänge erkennen,
- subjektive Meinung bilden.

Genau diesen Phasen tragen Sie Rechnung, wenn Sie das 3-W-Modell oder die Feedback-Vollversion anwenden.

Sie sehen: Als Führungskraft hilft es immer, ein wenig Psychologin oder Psychologe zu sein.

## Online delegieren

Die Delegation ist eines der wichtigsten Führungsinstrumente, die jede Führungskraft mitbringen oder erlernen sollte. Doch oft erleben wir, dass Führungskräfte nicht oder falsch delegieren. Das kann verschiedene Gründe haben: Einige sind der Überzeugung, nur sie könnten die Aufgaben erledigen. Sie sagen sich: »Niemand anderes kann das in der angestrebten Qualität bearbeiten, also mache ich es lieber selbst.« Es kann auch sein, dass zu wenig Kenntnis über den Reifegrad der eigenen Mitarbeiter besteht. Einige Führungskräfte wissen nicht, wem sie welche Aufgabe zumuten können. Um delegieren zu können, braucht es auch das Vertrauen in die Mitarbeiter, dass sie die Aufgabe richtig erledigen können.

Anderen scheint es zu aufwendig, den Mitarbeitern das für die Aufgabe erforderliche Wissen zu vermitteln. Delegation nimmt zunächst Zeit und Ressourcen in Anspruch, bevor Entlastung eintritt. Auch dies hält viele Führungskräfte davon ab, Aufgaben zu delegieren. So wird alles lieber selbst gemacht. Viele Vorgesetzte haben zudem große Angst davor, nicht nur Aufgaben, sondern damit auch gleichzeitig Kontrolle und Verantwortung abzugeben. Im virtuellen Raum sind diese Ängste noch stärker ausgeprägt. Online kommt noch eine weitere Schwierigkeit hinzu: Wahrnehmungshindernisse behindern die klare Kommunikation und das Erwartungsmanagement.

Auf Dauer führt mangelnde Delegation vor allem zu einem: Die Führungskräfte ersticken in Arbeit.

## Delegieren mit dem Führungszyklus

Wie gelingt das Delegieren? Am besten mit einem Perspektivwechsel. Betten wir dazu das Delegieren in einen größeren Kontext ein: in den Führungszyklus.

- Am Anfang stehen die Unternehmensziele.

- Die Mitarbeiterziele werden (bestenfalls) aus den Unternehmenszielen abgeleitet und auch so im Team kommuniziert.

- Nun geht es in die Teamebene: Hier werden die Zuständigkeiten der einzelnen Teammitglieder festgelegt. Das kann virtuell in einem gemeinsamen Meeting bzw. Workshop geschehen. Dann haben alle den gleichen Kenntnisstand.

- Nun werden die Aufgaben auf die verschiedenen Mitarbeiter delegiert. Als Führungskraft bieten Sie an, die Situation zu begleiten.

- Und am Ende wird die Leistung des Mitarbeiters bilanziert und mit Feedback versehen.

Dieser übergeordnete Blick auf den Führungszyklus hilft Ihnen bei der Kommunikation und Umsetzung der Ziele und Aufgaben gemeinsam mit Ihren Mitarbeitern. Menschen wollen verstehen, warum ein Ziel gesetzt wurde und welche Resultate angestrebt werden. Sinn zu stiften, schafft Motivation bei den Mitarbeitern.

> Delegieren Sie Aufgaben am besten in der Öffentlichkeit, also z.B. im Teammeeting. Das hat den Vorteil, dass jeder dann im Team weiß, was der andere macht und wofür dieser verantwortlich ist. Das macht insbesondere bei gemeinsamen Projekten Sinn.

Natürlich gibt es auch kleinere Aufgaben und Projekte, die delegiert werden können. Bestenfalls beziehen Sie auch diese auf das große Ganze. Denn auch sie dienen den Unternehmenszielen. Sich das immer wieder vor Augen zu halten, hilft Ihnen und auch Ihren Mitarbeitern, den Sinn im Tun zu erkennen, motiviert bei den Aufgaben zu sein und systemische Zusammenhänge zu verstehen.

### Die sieben Schritte der Delegation

Wenn Sie eine Aufgabe an einen Mitarbeiter delegieren, muss im Prozess genau geklärt werden,

- welche Aufgabe übertragen wird,

- welche Befugnisse und Kompetenzen der Mitarbeiter dafür benötigt und

- wofür er die Verantwortung trägt.

Damit Ihre Delegation erfolgreich ist, sollten Sie die folgenden sieben Schritte beherzigen.

- **Schritt 1 – Vorüberlegung:** Wer soll die Aufgabe übernehmen? Hat derjenige die Kompetenzen dafür? Braucht er weitere Befugnisse? Der Mitarbeiter erhält mit der Übertragung der Aufgabe einen Großteil der Verantwortung und kann bei Bedarf Teilaufgaben weiterdelegieren.

- **Schritt 2 – Ziel benennen:** Welches Ergebnis erwarten Sie? Machen Sie Ihre Erwartungen klar. Der Empfänger muss das Ziel verstehen, sonst sind Missverständnisse vorprogrammiert. Gibt es Zwischentermine, sollten Sie diese ebenfalls klar festlegen.

- **Schritt 3 – Sinn und Zweck erklären:** Was sind Sinn und Zweck der Aufgabe? Wieso und wofür soll das Ziel erreicht werden? Hier hilft es wiederum, an die Team- und Unternehmensziele anzudocken. Sorgen Sie für Transparenz und erläutern Sie Ihrem Mitarbeiter, warum genau er der Richtige für die Aufgabe ist. Kennt er den Zweck der Aufgabe, kann er selbstständig arbeiten und Entscheidungen treffen? Erklären Sie dem Mitarbeiter auch, was ihm die Erfüllung der Aufgabe bringt.

- **Schritt 4 – Verantwortung klären:** Welche Spielräume hat der Mitarbeiter? Gibt es Grenzen? Wenn es um Aufgaben in einem Projekt geht: Wer macht was bis wann? Wer arbeitet mit wem zusammen? Stellen Sie dem Mitarbeiter die Ressourcen zur Verfügung, die er benötigt, um die Aufgabe zu bewältigen.

- **Schritt 5 – Qualität definieren:** In welcher Qualität erwarten Sie Ergebnisse und eventuell auch Zwischenergebnisse? Welche Aspekte gibt es mit dem Blick auf die Qualität zu berücksichtigen? Machen Sie deutlich, was Ihnen besonders wichtig ist.

- **Schritt 6 – Termin setzen:** Legen Sie einen fixen Endtermin für das Arbeitsergebnis fest. Handelt es sich um ein umfangreiches Projekt, sind Zwischentermine sinnvoll. Setzen Sie auch Termine, um Zwischenergebnisse zu besprechen.

- **Schritt 7 – Unterstützung anbieten:** Offerieren Sie dem Mitarbeiter Ihre Unterstützung oder nennen Sie ihm andere Wissensquellen, die er anzapfen kann. Vor allem wenn Mitarbeiter virtuell zusammenarbeiten und sich kaum kennen, ist es hilfreich, Kompetenzprofile der Teammitglieder zu erstellen und diese online z.B. im Intranet bereitzustellen. Neben der Unterstützung braucht es eventuell auch Ihre Kontrolle, dass die Aufgaben in der gewünschten Qualität erfüllt werden.

Wenn Sie diese sieben Schritte beherzigen, werden Sie nicht nur entlastet. Ihre Mitarbeiter werden zudem motiviert, weil sie Verantwortung übertragen bekommen. Sie behalten darüber hinaus den Überblick über Ziele, Etappen und Qualität.

### Von Piloten lernen

Delegieren Sie online, achten Sie darauf, jeden dieser Schritte ganz klar zu kommunizieren. Vergewissern Sie sich mittels Rückfragen, ob der andere, dessen Reaktionen Sie nur eingeschränkt wahrnehmen können, das Ganze auch richtig verstanden hat. Damit das gelingt, können Sie die Rückbestätigungstechnik nutzen. Sie wird von Piloten vor dem Abflug eingesetzt. Anhand einer Checkliste testet der Kapitän die Funktionen des Flugzeugs. Der Co-Pilot wiederholt jeden einzelnen Schritt. Dieser Doppelcheck dient der Sicherheit. Machen Sie es genauso: Erklären Sie, was Sie delegieren wollen, und lassen Sie den Mitarbeiter im Anschluss daran alles wiederholen. So stellen Sie sicher, dass alles richtig verstanden wurde. Erklären Sie, dass das keine Schikane, sondern für eine klare und gezielte Kommunikation wichtig ist.

# Mitarbeiter entwickeln und fördern

Führung erschöpft sich nicht darin, den Rahmen dafür zu setzen, damit Ihre Mitarbeiter Top-Leistungen bewirken können. Sie inkludiert zudem immer Entwicklung. Das gilt natürlich auch beim Führen auf Distanz.

## Das Entwicklungsmindset

Entwicklung beginnt, wie so vieles, beim eigenen Mindset. Nehmen wir an, Sie haben einem noch unerfahrenen Mitarbeiter die Aufgabe gegeben, ein Vertriebskonzept aufzusetzen. Nachdem dieser es zum vereinbarten Zeitpunkt abgeliefert hat, gehen Sie es gemeinsam durch. Dabei fällt Ihnen auf, dass wichtige Inhalte fehlen, obwohl Sie deren Relevanz vorab sehr deutlich gemacht haben. Die Folge: Das gesamte Konzept ist unbrauchbar. Was sind Ihre ersten Gedanken in einer solchen Situation? Was empfinden Sie? Was sagen Sie zu dem Mitarbeiter?

- Mit einem Mindset, das auf Beurteilung gerichtet ist, würden Sie die Leistung nur evaluieren und dem Mitarbeiter Rückmeldung zur Leistung geben, idealerweise so, wie im Kapitel »Feedback – elementar in der virtuellen Zusammenarbeit« beschrieben.

- Führungskräfte, die ein Macht- und Bestrafungsmindset verinnerlicht haben, verspüren den Drang, den Mitarbeiter zu maßregeln und ihm vielleicht sogar zu drohen. Ein Weg, der wenig zielführend und nicht mehr zeitgemäß ist.

- Besser ist ein Entwicklungsmindset. Führungskräfte, die über diese Haltung verfügen, werden – vielleicht ja mit dem Feedback-Modell aus dem Feedback-Kapitel – zuerst gemeinsam mit dem Mitarbeiter die Sachlage klären. In einem zweiten Schritt legen sie – ebenfalls gemeinsam – fest, wie der Mitarbeiter künftig vorgehen kann, um das gewünschte Arbeitsergebnis zu erzielen. Besonders gut geht das mit dynamischem Feedback. Dieses ist im Gegensatz zu statischem Feedback in die Zukunft gerichtet. Statt bei der Rückmeldung zu erbrachten Leistungen zu enden, hängt man die folgenden Stufen an das Feedback an.

| Dynamisches Feedback – die 5 weiteren Stufen | |
|---|---|
| Ausgangslage | Wenn du das nächste Mal so eine Aufgabe erhältst und dir nicht sicher bist, ob du alle Informationen hast, … |
| Beschreibung des Verhaltens | … frag bitte gleich nach, … |
| Ergebnis | … damit du das nötige Ergebnis in der vorgesehenen Zeit abliefern kannst … |
| Konsequenzen | … und damit unnötige Mehraufwände verhinderst, … |
| Subjektive Wertung/ Empfinden | … was für alle Beteiligten ein Vorteil ist/ was mich sehr freuen würde. |

Das zukunftsgerichtete Feedback ist ein nützliches Führungstool, das Sie vor allem beim Führen via Bildschirm und Telefon dabei unterstützt, die Entwicklung Ihrer Mitarbeiter in kleinen Schritten zu begleiten.

## Das virtuelle Mitarbeitergespräch

Das Mitarbeitergespräch zählt schon lange zu den wichtigsten Führungsmethoden, wenn es um die Weiterentwicklung von Mitarbeitern geht. Es gibt mittlerweile die unterschiedlichsten Arten von strukturierten Mitarbeitergesprächen:

- **Zielvereinbarungsgespräch**: Wenn Sie noch über ein klassisches Zielsystem arbeiten, ist das meist ein individuelles Gespräch mit dem Mitarbeiter, bei dem die persönlichen Ziele sowie die damit verknüpften Konsequenzen, so z.B. Bonus und andere Leistungsanreize, besprochen und verbindlich vereinbart werden.

- **Leistungsevaluation**: In diesem Termin wird die tatsächlich erbrachte Leistung mit dem vereinbarten Soll abgeglichen. Führungskraft und Mitarbeiter legen dabei den Erreichungsgrad fest. In vielen Unternehmen sind solche Gespräche noch im Jahreszyklus angelegt. Vor allem, wenn Sie auf Distanz führen, empfehlen wir Ihnen dringend, deutlich kürzere Routinen zu finden. Eine Standortbestimmung im Quartal ist das Minimum, um als Remote Leader wirksam führen zu können, und zwar aus mehreren Gründen: Längere Zeiträume münden darin, dass man bei der Leistungsevaluation nur die letzten Monate berücksichtigt. So wird man dem Mitarbeiter nicht gerecht. Was aber noch viel wichtiger ist: Ziele können sich ändern. Der Markt reagiert nicht immer in Jahreszyklen. Es gibt auch unterjährige Schwankungen, von dramatischen unvorhersehbaren Entwicklungen wie der Corona-Pandemie ganz zu schweigen.

- **Entwicklungsgespräch**: Dies ist aus unserer Erfahrung das wichtigste Gespräch in der langfristig ausgelegten Führung. Mitarbeiter und Führungskraft besprechen dabei, – am besten auch wieder mindestens einmal im Quartal – in welchen fachlichen und überfachlichen Kompetenzen sich der Mitarbeiter in der nächsten Periode entwickelt. Damit sind zwar auch Karriereentwicklungen gemeint, aber nicht vorrangig. In welchem Unternehmen können Sie schon alle drei Monate einen Karriereschritt machen? Uns sind hier zumindest keine Beispiele bekannt.

- **Der Austausch zur Führungskooperation**: Darüber unterhalten sich zwar schon viele Führungskräfte intuitiv mit ihren Mitarbeitern, jedoch häufig noch nicht gezielt und in einem eigenen explizit dafür festgesetzten Termin. In diesem Gespräch soll vor allem der Mitarbeiter der Führungskraft Feedback geben, wie weit er sich unterstützt fühlt und was der Vorgesetzte tun kann, um ihn noch mehr zu integrieren. Eine solche Unterhaltung setzt eine offene Gesprächsatmosphäre und Vertrauen voraus, da es vor allem auch um soziale Themen wie Einbindung, Umgang und Stimmung im Team geht.

Was ist nun bei diesen Gesprächen anders, wenn sie nicht persönlich, sondern via Microsoft Teams, Zoom, Skype etc. ablaufen? Offline wie online werden solche Gespräche am besten immer mit der Struktur geführt, die Sie bereits im Feedback-Kapitel kennengelernt haben: Statt gleich ins Thema zu springen, sorgen Sie erst einmal für den tauglichen Rahmen, stellen Beziehung zum Mitarbeiter her, geben einen Überblick und steigen dann erst ins Thema ein, um dann mit einer klaren Vereinbarung zu enden.

Wenn alles gut ist, wird es auch über die Struktur hinaus wenig Unterschiede zum persönlichen Gespräch geben. Anders stellt es sich dar, wenn es irgendwo hakt, die Beziehung gestört ist, es unterschiedliche Einschätzungen über die Performance und den Leistungsbeitrag geht oder das Vertrauen einseitig oder bei beiden gestört ist. Gespräche via Bildschirm sind dann ungleich schwieriger zu führen, denn es fehlen der persönliche Kontakt und die vertrauensvolle Atmosphäre, die in einem Offline-Gespräch viel leichter herzustellen sind.

> Grundsätzlich gilt: Je schwieriger die Themen sind, umso wichtiger ist eine vertrauensvolle Stimmung.

## Unsere Tipps für virtuelle Entwicklungsgespräche

Folgende Punkte sollten Sie beachten, wenn Sie Ihre Entwicklungsgespräche remote führen:

- **Video vor Telefon**: Wählen Sie die Medien, die Ihnen die meisten Wahrnehmungsmöglichkeiten eröffnen (siehe hierzu Kapitel »Virtuelle Kommunikation in der Mitarbeiterführung«). Es ist für uns nicht nachvollziehbar, wie es sein kann, dass Unternehmen zwar Videosysteme bereitstellen, dann aber, um Bandbreite zu sparen, darauf bestehen, die Kameras auszuschalten. Das ist so, als würden Sie einen Dienstwagen bekommen, den Sie aber nicht betanken dürfen, um Benzinkosten zu reduzieren ...

- **Höhere Frequenz**: Organisieren Sie sich so, dass Sie mit allen Mitarbeitern monatlich ein persönliches Gespräch führen. Beim Onboarding sollten Sie eine noch höhere Frequenz wählen. Nehmen Sie sich pro Mitarbeiter und Monat mindestens 35 Minuten für ein 1:1-Gespräch Zeit. Bei 20 Mitarbeitern sind das pro Monat 12 Stunden und damit pro Woche 4 Stunden individuelle Führungsarbeit. Das ist aus unserer Sicht mehr als vertretbar. Wer dafür keine Zeit hat, hat keine Zeit für Führung.

- **Erst die Mitarbeiter**: Machen Sie es sich zur Routine, dass erst der Mitarbeiter spricht und von seinen Erfahrungen berichtet. Damit signalisieren Sie Interesse und Wertschätzung. Außerdem erfahren Sie so eher das, worauf es ankommt, nämlich, wie es dem Mitarbeiter geht.

- **Statt über die Nachteile der Technik zu klagen, deren Vorteile nutzen:** Technik hat klare Vorteile, so z. B. wenn es um Dokumentation geht. Zeichnen Sie das Gespräch auf oder schreiben Sie parallel in einem Word-Dokument mit oder gleich in onenote und Sharepoint. Solange sichergestellt ist, dass der Zugriff zu den Aufzeichnungen nur für Sie und Ihren Mitarbeiter möglich ist, schaffen Sie Nachvollziehbarkeit, Transparenz, sparen bei den Folgegesprächen wertvolle Zeit und sind auf diese stets perfekt vorbereitet. Wir beschäftigen uns im Kapitel »Die Technik meistern« noch intensiver mit diesem Thema.

## Konflikte im virtuellen Team

Konflikte lassen sich nicht vermeiden, weder real noch virtuell. Wir können ihnen lediglich den Schrecken nehmen. Schon in natura scheuen Menschen oft Konflikte, weil sie nicht die richtigen Methoden und Strategien haben, um konstruktiv damit umzugehen. Doch Aussitzen und Ignorieren sind nicht die richtigen Strategien, um Konflikten zu begegnen. Im virtuellen Raum trifft das umso mehr zu. Da Ihre Wahrnehmung bedingt durch den Filtereffekt der virtuellen Kommunikation eingeschränkt ist, kommt es hier noch mehr als in einer Offline-Umgebung darauf an, Signale richtig zu deuten und Konfliktsensibilität zu entwickeln. Hinzu kommt, dass der reduzierte soziale Austausch auf virtueller Ebene schnell zu Unstimmigkeiten führen kann.

Als virtuelle Führungskraft sollten Sie alle Antennen ausfahren, um Missverständnisse, Misstrauen und eingeschränktes Kommunikationsverhalten frühzeitig wahrzunehmen. Denn das können die ersten Anzeichen für aufkeimende Konflikte sein. Gibt es Anlass zu Widerstand und Verärgerung im Team? Zieht sich jemand zurück oder ändert er plötzlich sein übliches Verhalten? Haben Sie sich wirklich auf einen gemeinsamen Nenner verständigt oder gehen die Meinungen tatsächlich stark auseinander? Schärfen Sie Ihr Bewusstsein für diese Konfliktherde. Konflikte in virtuellen Teams werden meist erst dann realisiert, wenn es zu spät ist und die Fronten so verhärtet sind, dass nur noch die Trennung von einem Mitarbeiter als Lösung bleibt. Um es nicht so weit kommen zu lassen, ist Prävention erforderlich.

Was hier hilft, sind klares Erwartungsmanagement, eindeutige Kommunikation inklusive Verständnissicherung (siehe hierzu auch bereits das Feedback-Kapitel).

## Wie Konflikte entstehen

Es gibt unterschiedliche Eskalationsmodelle, welche die Konfliktstufen in ihren unterschiedlichen Ausprägungen beschreiben und damit erklären, wie Konflikte entstehen. Wir haben uns hier für ein einfaches, pragmatisches Darstellungsmodell entschieden, das auch die Konfliktentstehung in virtuellen Teams illustriert.

### Stufe 1: Mangelnder Kontakt

Diese Stufe ist besonders relevant, wenn ein Offline-Team plötzlich zum virtuellen Team wird. Wer mit seinen Mitarbeitern in einem Büro sitzt, bekommt hautnah mit, was läuft – auch ohne strukturierte Meetings. Er registriert, was im Team gesprochen wird, und hört auch den Flurfunk. Wer so nah an der Basis ist, erkennt auch sich anbahnende Konflikte schnell und deutlich. Was aber, wenn Sie diese Möglichkeit plötzlich nicht mehr haben, so z. B. weil alle von jetzt auf gleich wieder im Homeoffice arbeiten müssen? Dann gehen der enge Kontakt und damit auch die Chance zur Wahrnehmung von Störsignalen in der Zusammenarbeit verloren. Genauso ist es, wenn Sie mit jemandem zu tun haben, den Sie aufgrund der Distanz nicht gut kennen und daher auch nicht einschätzen können.

## Stufe 2: Abstimmungsfehler

Aus Stufe 1 resultieren oft Abstimmungsfehler, wie folgendes Beispiel zeigt: Zwei Kollegen machen einen Termin »um Viertel Drei« aus. Wenn einer von ihnen aus Salzburg und der andere aus Hannover kommt, sind Missverständnisse und Ärger vorprogrammiert. Denn in der Mozartstadt meint man damit eine Viertelstunde nach drei Uhr, also 15.15 Uhr. In Hannover wiederum bedeutet das 14.15 Uhr. Der Kollege aus Deutschlands Norden wartet also eine Stunde, während der Salzburger noch ganz entspannt beim Kaffee sitzt. Der Grund für diese missliche Situation ist nicht etwa die böse Absicht des Salzburgers, sondern ein Abstimmungsfehler. Fehler wie diese können im Berufsalltag zu hohen objektiven Schäden führen.

## Stufe 3: Verschärfende Annahmen

Nun machen sich die, die den Schaden haben, meist Gedanken wie: »Was bildet der sich denn ein ...!«, »Aha, ist wohl was anderes wichtiger gewesen ...« Sie bilden Annahmen, die dem anderen entweder Absicht oder grobe Fahrlässigkeit unterstellen. Und: Sie beginnen sich zu ärgern. Ärger ist ein starkes Gefühl, das uns leider oft zu unüberlegten Handlungen verleitet. Jeder weiß, dass Ärger zwar ein starker Motivator, aber leider ein schlechter Ratgeber ist. Womit es nur ein kleiner Schritt zur nächsten Eskalationsstufe ist.

## Stufe 4: Der vermeintliche Gegenschlag

Es ist 14.30 Uhr. Mit unterdrückter Ungeduld und schlecht verborgenem Ärger greift der Hannoveraner zum Telefon. Wie es der Teufel will, ist der Salzburger gerade nicht erreichbar, was den Unmut des deutschen Kollegen nochmals deutlich steigert. Schließlich, nach mehreren Versuchen, erreicht der Deutsche den Österreicher und macht seinem Ärger Luft mit einem unfreundlichen Vorwurf: »Wann gedenken Sie denn nun zu kommen, Herr Meier? Ich sitze hier und warte auf Sie!« Aber was ist auf der anderen Seite los? Der Salzburger war sich bisher keiner Schuld bewusst, trank unschuldig seinen Kaffee und wird plötzlich mit den Anwürfen des anderen konfrontiert. An diesem Verzweigungspunkt des Konflikts hängt es von der Persönlichkeit des so Angegangenen ab, ob es zur Deeskalation kommt oder ob sich der Konflikt zuspitzt (siehe Stufe 5).

Der Gegenschlag muss nicht immer so deutlich ausfallen wie in unserem Beispiel. Er kann auch unterschwelliger verlaufen. Das konkrete Aufflackern des Konflikts in dieser Stufe hat den Vorteil, dass beide ihn deutlich wahrnehmen und ihn ansprechen und bearbeiten können. Viel schwieriger wird es, wenn das nicht der Fall ist und der Konflikt sich im Verborgenen ausbreitet, weil die eine Partei ihren Ärger oder Unmut für sich behält. Vor allem die zweite Variante ist für Führungskräfte von virtuellen Teams eine Herausforderung. In der Distanz sind Konflikte schwerer wahrnehmbar. Wenn niemand etwas sagt, ist die Gefahr groß, dass der Konflikt auf die nächste Stufe eskaliert und immer schwieriger bearbeitet und gelöst werden kann.

## Stufe 5: Der losgelöste Konflikt

Nehmen wir an, dass der ärgerliche Ausbruch des Hannovera-
ners in einer Art Dominoeffekt eine Reihe von weiteren Konflikten zwischen den beiden Kollegen provoziert hat. Es ist so viel
Negatives zwischen den Konfliktpartnern passiert, dass nunmehr ein Rückführen auf den Auslöser, das ursprüngliche Miss-
verständnis zur Uhrzeit, nicht mehr ausreicht, um die negativen
Emotionen zu bereinigen. Das führt schließlich dazu, dass die
beiden nicht mehr miteinander arbeiten wollen. Das fatale Ergebnis eines kleinen Missverständnisses!

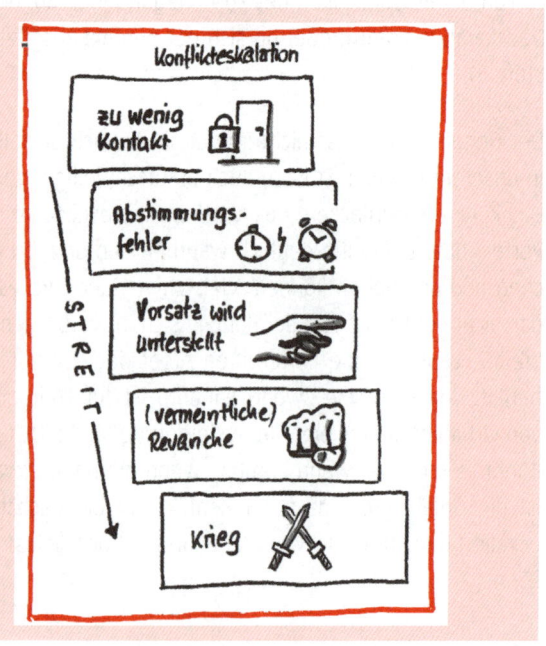

## Konfliktlösung: Ohne Kontakt geht es nicht

Um es gar nicht erst zur Stufe 5 kommen zu lassen, sollten Sie frühzeitig gegensteuern.

- Der erste Schritt zur Lösung des Konflikts ist stets, einen Kontakt zwischen den Beteiligten herzustellen. Damit ist nicht die bloße Kontaktaufnahme an sich gemeint. Mit einem Treffen oder einer Videokonferenz ist es nicht getan. Das, was es braucht, ist ein lösungstauglicher Kontakt. Damit ist ein direkter, ein synchroner Kontakt gemeint, in dem die Konfliktparteien anerkennen, dass der Konflikt für beide eine Belastung darstellt. In diesem Punkt werden Sie leicht Zustimmung finden.

- Die nächste Voraussetzung ist schon etwas diffiziler: Die Beteiligten müssen auf Schuldzuweisungen verzichten und ausschließlich an einer Lösung interessiert sein. Wie solche Lösungen aussehen können, lesen Sie gleich ein wenig weiter unten bei den drei Bewältigungsstrategien für Konflikte.

## Konfliktprävention in der virtuellen Zusammenarbeit

Beim Arbeiten und Führen auf Distanz sind die Beobachtungs- und Wahrnehmungsmöglichkeiten sowie der persönliche Austausch stark eingeschränkt. Es kommt leichter zu Missverständnissen. Daher hat die Konfliktprävention, also das Vorbeugen von Konflikten, eine noch größere Bedeutung als beim Führen vor Ort. Sorgen Sie für häufige und regelmäßige Kontakte mit

Ihrem Team, in denen Sie auch über nicht fachliche Themen kurz sprechen. Auch hier gilt dasselbe wie bei der Vertrauensbildung: Es geht mehr um Frequenz und Qualität als um Dauer.

> Viele kurze Checkpoints helfen deutlich mehr als einmal im Jahr ein mehrtägiger Workshop.

## Typische Konfliktarten

Es gibt die unterschiedlichsten Konfliktarten. Wer die wesentlichen davon kennt, sensibilisiert sich und seine Wahrnehmung.

- **Verteilungskonflikte:** Sie entstehen, wenn die Mitarbeiter die Verteilung von Ressourcen untereinander als ungerecht und persönlich als benachteiligend empfinden, so z. B. in monetärer oder technischer Hinsicht. Solche Konflikte können beispielsweise zwischen zwei Abteilungen oder auch zwischen einzelnen Mitarbeitern im Team entstehen.

- **Zielkonflikte:** Streitpunkt sind hier gegensätzliche Ziele, so z. B. wenn zwei Mitarbeiter im Team oder in verschiedenen Abteilungen Ziele verfolgen, die im Widerspruch zueinander stehen. Dieser Konflikt kann sich aber auch im Verhältnis Mitarbeiter – Führungskraft ergeben.

- **Beurteilungskonflikte:** Hier sind sich die Parteien zwar einig über das Ziel, jedoch nicht über den Weg dahin. So beispielsweise, wenn zwei Mitarbeiter unterschiedliche Strategien zur Bearbeitung einer Aufgabe verfolgen.

- **Beziehungskonflikte:** Sie entstehen durch zwischenmenschliche Spannungen. Gründe dafür gibt es viele, so z. B. persönliche Abneigungen, Vorurteile oder enttäuschte Erwartungen.

- **Projektion:** Genau genommen ist die Projektion ein Konflikt mit sich selbst. Wir übertragen hier Verhaltensweisen, die wir an uns selbst ablehnen, auf andere. Oder wir projizieren negative Assoziationen, die wir in unserer Vergangenheit im Umgang mit Menschen gemacht haben, auf völlig Unbeteiligte, weil sie den Personen aus unserer Vergangenheit zufälligerweise ähneln.

- **Rollenkonflikt:** Hier führen unterschiedliche Rollenerwartungen zum Konflikt.

**BEISPIEL: ROLLENKONFLIKTE**

Der Mitarbeiter erwartet in einem Streit mit einem Kollegen aus der anderen Abteilung, dass der Chef hinter ihm steht. Die Führungskraft nimmt hingegen eine neutrale Rolle als Moderator ein.

Der Chef fordert seinen Assistenten auf, neue Kunden anzuschreiben. Der Mitarbeiter sieht das jedoch nicht als seine Aufgabe an.

## Die Bewältigungsstrategien bei Konflikten

Wenn Konflikte auftreten, eröffnen sich den betroffenen Parteien drei klassische Bewältigungsstrategien: Durchsetzung, Vermeidung und Anpassung.

1. Jemand, der seine Interessen durchsetzt, gewinnt. Damit ist klar, dass der Konfliktpartner verliert. Hier entsteht eine Win-lose-Situation.

2. Vermeidet man den Konflikt, sitzt man ihn also aus oder schweigt man ihn tot, gibt es keine aktive Lösung. Damit verlieren beide – eine Lose-lose-Situation.

3. Wer sich anpasst, also nachgibt, setzt die Interessen des anderen über die eigenen. Damit verliert er und der andere gewinnt: eine Lose-win-Situation.

Oft pendeln wir zwischen den verschiedenen Strategien. Sie sind nicht per se gut oder schlecht. Es kommt stets auf den Einzelfall an. Wir sollten nur deren Konsequenzen im Auge behalten.

Doch es gibt noch mehr Strategien: Ein Kompromiss sucht die goldene Mitte. Auch hier verlieren beide, zwar nicht alles, aber ein bisschen.

Viel besser ist die Kooperationsstrategie. Hierbei werden die Interessen beider Parteien herausgearbeitet und im Rahmen einer Konfliktmoderation für beide Seiten gute Lösungen gefunden. Im Idealfall entsteht damit eine Win-win-Situation. Das funktioniert sicher nicht bei jedem Konflikt, ist jedoch öfter möglich, als man denkt.

## Konfliktmanagement im virtuellen Team

- Sprechen Sie das Thema »Konflikte« aktiv im Team an. Machen Sie klar, dass gutes Konfliktmanagement ein wichtiges Element der Teamentwicklung ist.

- Klären Sie gemeinsam, wie Sie mit Konflikten umgehen wollen.

- Wenn Sie erste Anzeichen eines Konflikts bemerken, reagieren Sie sofort.

- Verinnerlichen Sie die folgende hilfreiche Haltung: Menschen sind grundsätzlich okay. Sie verhalten sich nur manchmal merkwürdig.

- Finden Sie für die Konfliktparteien einen geschützten Gesprächsrahmen, so z. B. via Videokonferenz oder, wenn möglich, in einem persönlichen Treffen.

- Analysieren Sie den Konflikt in angenehmer und wertschätzender Gesprächsatmosphäre.

- Vereinbaren Sie Spielregeln für die Konfliktmoderation. Beispiele: Den anderen ausreden lassen. Ich- statt Du-Botschaften. Lösungsorientiert statt problemorientiert.

- Trennen Sie die Sache von der Person: Verzichten Sie auf persönliche Anschuldigungen. Arbeiten Sie Themen und Hintergründe des Konflikts heraus und gehen Sie lösungsorientiert dabei vor.

- Orientieren Sie sich an den Interessen und an den dahinterliegenden Bedürfnissen der Konfliktparteien.

- Sammeln Sie gemeinsam Lösungsvarianten und bewerten Sie diese anschließend.

- Fassen Sie die Ergebnisse zusammen und erstellen Sie gemeinsam einen Maßnahmenplan.

In jedem Konflikt liegt auch eine Chance. Wird er konstruktiv gelöst, schweißt das das Team noch mehr zusammen.

# Virtuelle Zusammenarbeit gestalten

Die Zusammenarbeit im Team so zu gestalten, dass alle möglichst effizient arbeiten können und sich obendrein noch wohlfühlen und motiviert sind, ist anspruchsvoll. Erst recht gilt das im virtuellen Raum, in dem die Wahrnehmungsmöglichkeiten eingeschränkt sind.

In diesem Kapitel erfahren Sie u. a., wie Sie trotz Distanz

- Nähe und Vertrautheit zwischen den Teammitgliedern schaffen,
- Sinn vermitteln und motivierende Ziele setzen,
- den Zusammenhalt und das Wirgefühl im Team stärken,
- Kreativität und Innovationsfreude fördern,
- vernetzt arbeiten und Silodenken abbauen.

# Eine Herausforderung: Onboarding und Teambildung

Die virtuelle Zusammenarbeit kann manchmal ganz schön kompliziert sein. Das wurde bereits in den Kapiteln zuvor deutlich. Es braucht hier noch mehr als in der Offline-Zusammenarbeit Teammitglieder, die sich sowohl für die jeweilige Aufgabe eignen als auch für die Arbeit auf Distanz. Zudem sollten die Teammitglieder miteinander harmonieren. Hört sich anspruchsvoll an. Ist es auch!

Bei der Zusammenstellung eines virtuellen Teams lassen sich drei typische Konstellationen unterscheiden.

## 1 Ein bestehendes Offline-Team arbeitet von nun an nur noch virtuell zusammen

Diese Konstellation bedeutet einen Change-Prozess, der naturgemäß geprägt ist von Verunsicherung. In einer solchen Situation gilt es zunächst zu prüfen, ob die Personen, mit denen Sie bisher erfolgreich vor Ort zusammengearbeitet haben, dies auch auf Distanz wollen und können.

**BEISPIEL: DIE GUTE SEELE DER ABTEILUNG**

In einem von uns betreuten Team gab es eine Teamassistentin – nennen wir sie Anna. Sie war die gute Seele der Abteilung. Anna war am längsten an Bord und hatte den neuen Chef, der die Abteilung seit zwei Jahren führte, nicht nur in der Organisation, sondern besonders im Zusammenhalt des Teams unterstützt. Sie hatte für alle ein offenes Ohr, versorgte alle regelmäßig mit Kuchen und half mit ihrem umfassenden organisatorischen

Wissen vor allem neuen Teammitgliedern, sich rasch zu integrieren. Als bekannt wurde, dass aufgrund einer Organisationsänderung die Abteilung auf mehrere Standorte verteilt und gleichzeitig Homeoffice forciert werden sollte, brach für Anna die Welt zusammen. Auch sie sollte ihre Aufgaben, die offiziell vor allem Planung und Administration umfassten, nun zu 80 % remote erledigen. Nur mehr ein Tag pro Woche war am Hauptstandort vorgesehen. Sie können sich vermutlich vorstellen, dass Anna alles andere als glücklich war. Das hatte auch erheblichen Einfluss auf das gesamte Team: Ein wesentlicher Erfolgsfaktor, der in den Prozessbeschreibungen natürlich nicht vorgesehen war, fiel nun völlig aus. Die Person, die für den emotionalen Zusammenhalt sorgte, konnte diesen wichtigen, aber ungesehenen Part nun nicht mehr wahrnehmen. Anna verließ nach kurzer Zeit das Team und der Chef hatte alle Hände voll zu tun, den Verlust zu kompensieren. Nur durch ein rasch aufgesetztes »Fit for Remote«-Programm konnten wir sicherstellen, dass ein größerer Schaden verhindert werden konnte.

Es gibt einige Prozesse, die Sie bei der zukünftigen Remote-Ausrichtung des Teams unterstützen. Auch wenn Ihr Team vor Ort bestens performt – die Umstellung auf die virtuelle Zusammenarbeit ist eine wesentliche Änderung. Bereiten Sie daher Ihr Team sorgfältig vor und trainieren Sie – wie ein Trainer im Fußball – die neuen Spielzüge. Üben Sie also die virtuellen Kooperationsprozesse, bis sie optimal funktionieren.

Halten Sie vor und während der Umstellung intensiven und regelmäßigen Kontakt mit Ihren Teammitgliedern und holen Sie aktiv deren Feedback zum Change ein. Vergessen Sie nicht: Jede Veränderung ist gleichzeitig die Chance, sich zu verbessern und zu lernen.

# 2 Neue Mitarbeiter sollen Ihr virtuelles Team verstärken

In dieser Konstellation geht es sowohl um die Auswahl des richtigen Kandidaten als auch um ein gutes Onboarding.

## Die Auswahl der passenden Kandidaten

Je nach Auswahlprozess in Ihrem Unternehmen sind Sie mehr oder weniger in das Recruiting eingebunden. Haben Sie bei der Personalauswahl Mitspracherechte, achten Sie darauf, dass sich die zukünftigen Mitarbeiter nicht nur für die aktuelle Aufgabe fachlich eignen, sondern dass auch Potenzial für bereits absehbare zukünftige Herausforderungen vorhanden ist. Dabei sollten Sie die Recruiting-Experten entsprechend beraten.

Neben der Sichtung von Lebensläufen und sonstigen eher formellen Informationen helfen inzwischen ausgereifte Verfahren bei der automatisierten Bewerberauswahl. Hierbei wird ein Dialog mit potenziellen Bewerbern aufgebaut, in dem Schritt für Schritt und für beide Seiten vorteilhaft überprüft wird, ob man zueinander passt. Wir empfehlen daher keine administrativen Bewerbertools, sondern Verfahren, die eine Potenzialanalyse und ein automatisiertes Vorranking integriert haben. Aufgrund der raschen technischen Entwicklung solcher Tools sind hier keine Empfehlungen möglich. Zu den jeweils aktuellen Möglichkeiten beraten wir Sie jedoch gerne persönlich.

Im Kapitel »Nicht stehenbleiben« haben wir ein besonderes Angebot für Sie: Wir laden Sie ein, eine Potenzialanalyse für sich selbst zu machen. Das gibt Ihnen die Möglichkeit, selbst zu erleben und zu überprüfen, welche wertvollen Informationen durch automatisierte Prozesse möglich sind. Die Analyse ist für Sie als Leser dieses TaschenGuides kostenlos.

## Passung vor Eignung

Wenn jemand zwar in der Lage ist, die fachlichen Aufgaben zu bewältigen, sich aber aufgrund seines Charakters und seiner Persönlichkeit nicht ins Team integrieren lässt, ist ein Scheitern der Zusammenarbeit meist schon vorprogrammiert. Stellen Sie daher möglichst früh nach dem Überprüfen der Eignungskriterien fest, ob der Kandidat auch zum Team passt. Vor Ort lässt sich das leicht im Rahmen eines gemeinsamen Essens oder eines lockeren Gesprächs über Fachaspekte der Arbeit bewerkstelligen.

Virtuell ist das wesentlich aufwendiger, denn hier sind die Wahrnehmungsmöglichkeiten eingeschränkt (vgl. die Tabelle in Kapitel »Virtuelle Kommunikation in der Mitarbeiterführung«). Es macht für den Gesamteindruck zu einer Person einen wesentlichen Unterschied, ob Sie jemanden vom Brustbein aufwärts nur auf Ihrem Bildschirm sehen oder ob derjenige live vor Ihnen steht.

Holen Sie beim Recruiting Ihr Team mit an Bord. Führen Sie die Gespräche mit fachlich geeigneten Kandidaten nicht nur allein, sondern auch gemeinsam mit Mitgliedern aus Ihrem Team.

Unterstützen Sie Ihre Teammitglieder dabei mit einer strukturierten Checkliste, die nicht nur fachliche und methodische Kriterien enthält, sondern auch Aspekte, die den Fokus auf Zusammenarbeit, Verhalten unter Druck etc. legen.

## Onboarding

Laut diversen Untersuchungen treffen mehr als 60 % aller neuen Mitarbeiter, die das Team nach 6 bis 12 Monaten wieder verlassen, diese Entscheidung bereits in den ersten drei Wochen, also in der Onboarding-Phase. Diese Phase ist also maßgeblich dafür, ob jemand bleibt oder wieder geht. Zur zweiten Option tendieren vor allem diejenigen, die in dieser Zeit nicht sozial ins Team integriert wurden. Eine gute Willkommenskultur und aktives Integrationsmanagement sind also wichtig, um neue Mitarbeiter ans Team zu binden. Vereinbaren Sie dazu in der ersten Woche einen kurzen täglichen Feedback-Call, in dem Sie die Fragen des Neuen beantworten. Sorgen Sie dafür, dass jene Kollegen, mit denen es eine intensive Zusammenarbeit geben wird, aktiv in die Integration des neuen Mitarbeiters eingebunden sind und Onboarding-Aufgaben übernehmen. Organisieren Sie, dass diese Mentoren je nach Aufgabenbereich in den ersten Wochen ein bis zwei Stunden pro Tag für die Einarbeitung zur Verfügung stehen.

Profitieren Sie vom frischen Wind und dem Perspektivwechsel, den neue Mitarbeiter ins Team bringen. Fragen Sie sie nach Anregungen und Ideen, die aus ihrer Sicht einen Mehrwert für die Zusammenarbeit bieten.

Wir selbst haben in unserem Unternehmen gute Erfahrungen mit einem intensiven Onboarding-Prozess gemacht: Während der Corona-Pandemie haben wir mehrere Experten eingestellt und in unser Team aufgenommen. Vor allem die häufigen Videokontakte mit den anderen Teammitgliedern und die virtuellen informellen Feierabendtreffen vor dem Bildschirm nahmen die neuen Mitarbeiter als besonders hilfreich für ihre Integration wahr.

## 3 Sie stellen ein komplett neues virtuelles Team zusammen

In dieser Konstellation gibt es noch keine Übung und damit keine Routine in der Zusammenarbeit. Dieser scheinbare Nachteil kann zum Vorteil werden, wenn Sie ihn richtig nutzen. Wenn möglich, sollten Sie bald ein Offline-Treffen und einen Kickoff-Workshop für die gemeinsame Zusammenarbeit organisieren. Wenn das aus logistischen oder sonstigen Gründen nicht möglich ist, funktioniert das auch virtuell mithilfe moderner Workshop-Methoden (siehe hierzu auch Kap. »Die Technik meistern«). Hier kann es auch von Vorteil sein, wenn Sie diesen Prozess durch erfahrene Experten moderieren lassen.

Um die Zusammenarbeit im neuen Team möglichst rasch zu optimieren, sollten Sie agil vorgehen. Das bedeutet vor allem:

- kurze Erfahrungsschleifen,
- hohe Fehlertoleranz,
- Umsetzungsstärke bei Veränderungen.

Mehr zu den Vorteilen agiler Methoden lesen Sie im Kapitel »Am besten agil«.

# Das virtuelle Team ausrichten

Remote Teams sind kein willkürlich zusammengeworfener Haufen aus Einzelpersönlichkeiten, sondern sie dienen folgendem Zweck: gemeinsam Ziele zu erreichen und die dabei anfallenden Aufgaben zu bearbeiten. Damit wird klar: Ohne Ziele gibt es keine sinnvolle Zusammenarbeit. Nach einer Untersuchung mit 1.000 Befragten, die von der Work-Management-Plattform Asana (vgl. managerSeminare, April 2019, S. 13) durchgeführt wurde, kennen 85 % der Mitarbeiter Mission und Ziele des Unternehmens und des Teams nicht. 59 % verstehen nicht, wie ihre Arbeit die Unternehmensziele beeinflusst. Das sind alarmierende Zahlen. Einen Sinn im Tun zu finden, ist wichtig, damit die Motivation der Mitarbeiter nicht absinkt. Das gilt erst recht für virtuelle Teams, die aufgrund der räumlichen Isolation ihrer Teammitglieder noch schwieriger auf die richtige Spur zu bringen sind.

## Ziel, Vision, Mission

Ein gutes Ziel hat die Macht, uns auszurichten und uns Orientierung zu geben. Doch das reicht nicht. Daneben braucht es einen emotionalen Schub, ein Verlangen, damit wir das Ziel auch wirklich erreichen wollen. Das kann eine gemeinsame Vision leisten. Eine Vision beschreibt ein Wunschbild, das eine Gruppe von Menschen oder auch eine Organisation erreichen möchte, um eine Weiterentwicklung, eine Verbesserung zu erzielen. Visionen sind die Basis, um als Team wirklich nach vorne zu kommen und den Prozess vom »Ich« zum »Wir« zu durchschreiten. Nicht wenige Teams verwechseln Visionen aber mit Zielen. So werden manchmal Vorhaben wie »Wir wollen unseren Umsatz verdoppeln«, oder: »Wir steigern unsere Rendite auf xy Prozent« als Visionen etikettiert. Das sind aber konkrete Ziele und keine Visionen. Visionen sind viel emotionaler und haben deswegen eine besondere Anziehungskraft.

Antoine de Saint-Exupéry lieferte einst ein besonders schönes Beispiel für eine Vision: »Wenn du ein Schiff bauen willst, dann rufe nicht die Menschen zusammen, um Holz zu sammeln, Aufgaben zu verteilen und die Arbeit einzuteilen, sondern lehre sie die Sehnsucht nach dem großen, weiten Meer.«

Visionen werden nicht nur gerne mit Zielen, sondern regelmäßig auch mit Missionen verwechselt. Während die Vision eine emotionale Dimension hat, drückt eine Mission aus, warum es das Unternehmen bzw. das Team überhaupt gibt. Die Mission beschreibt also die Aufgabe des Teams bzw. der Organisation. Daraus ergibt sich auch der Unterschied in der Adressierung: Die Vision dient primär dazu, das Team hinter einer Idee zu versammeln. Die Mission hingegen richtet sich eher an Kunden, Lieferanten und Gesellschafter.

Wichtig ist, dass Sie als Führungskraft selbst den Sinn von Prozessen und Projekten erkannt haben und dann mit Ihrem Team eigene Ziele und die gemeinsame Vision erarbeiten. Es ist die Aufgabe von Führungskräften, gemeinsam mit den Mitarbeitern Chancen für die Zukunft aufzutun und Perspektiven zu schaffen. Teamvision und Ziele werden von den Unternehmenszielen abgeleitet. Das schafft Transparenz und Verbundenheit im gesamten Team.

> Legen Sie die relevanten Unternehmensziele auf Ihrer bevorzugten Arbeitsplattform ab, sodass Ihr Team sie stets im Blick hat.

### Hilft bei der Visionsentwicklung: MTV

Ein Modell namens MTV hilft dabei, eine kundenorientierte Unternehmensvision zu entwickeln. MTV ist ein Akronym, dessen Buchstaben für »**m**assiv **t**ransformationale **V**ision« stehen. Hierbei sind drei Aspekte integriert:

- **Kompetenz:** Nach dem Motto »Schuster, bleib bei deinen Leisten« sucht man eine Vision in demjenigen Bereich, in dem man als Team über besondere Kompetenzen verfügt, die nicht alle anderen auch haben. Jedes Team hat solche Kompetenzen, beherrscht beispielsweise eine besondere Arbeitstechnik und Prozesse, verfügt über besondere Nähe zu den Kunden oder spezielle soziale Kompetenzen.

- **Leidenschaft:** Visionen haben etwas mit Träumen und Sehnsüchten zu tun. Daher sollten wir in jenen Bereichen unsere Visionen suchen, für die wir auch Leidenschaft empfinden. Wir Menschen sind emotionale Wesen und Leidenschaft ist eine sehr starke Emotion. Brennen wir für etwas, dann sind wir darin auf einmal nicht nur gut, sondern sehr gut.

- **Markt:** Der dritte Bereich des Visionsdreiklangs ist der Markt bzw. die Nachfrage. Was bringt uns eine Vision für ein Marktumfeld, in dem es keine Nachfrage gibt? Warum sollen wir uns mit Produkten und Angeboten beschäftigen, für die kein oder kaum ein Kunde Geld ausgeben möchte? Wir erleben oft, dass Firmen um ihre Produkte kreisen. Das ist auch verständlich, denn das sind ja schließlich ihre Babys. Das Produkt steht im Mittelpunkt, man schafft ganze Produktwelten – in denen jedoch der Kunde keine oder nur eine untergeordnete Rolle spielt. Doch die neue Welt ist die Kundenwelt mit wirklichem Nutzen. Mit diesem Nutzenaspekt erhält die Vision einen transformationalen Charakter.

Ein gutes Beispiel für eine transformationale, simple Vision ist die Vision von Spotify »Musik für alle.«

## Strategie

Damit die erarbeitete Vision auch umgesetzt werden kann, benötigen wir eine klare Strategie. Während die Vision einen zukünftigen Sehnsuchtsort beschreibt, richtet sich die Strategie auf die Frage, wie man diese Vision und die damit verbundenen konkreten Ziele erreichen kann.

Für die Erarbeitung richtungsweisender Ziele, der Vision und der Strategie bieten sich Workshops an. Wir empfehlen, solche Workshops offline mit kreativen Methoden, wie z. B. Lego® Serious Play® zur Visionsbildung, durchzuführen. Haben Sie keine Gelegenheit, sich mit Ihrem Team persönlich zu treffen, können Sie die Strategieworkshops auch online umsetzen. Wir haben diese schon oft bei Kunden moderiert und nutzen dazu diverse Tools. Da fast täglich neue auf den Markt kommen, veralten Empfehlungen schnell. Sie können sich aber für Tipps dazu gerne an uns wenden.

Oft erleben wir, dass die gesamte Unternehmensstrategie nur von der Geschäftsführung mithilfe der Moderation eines externen Beraters entwickelt wird. Besser ist es, alle Führungskräfte und auch Mitarbeiter mit ihren Ideen und Bedürfnissen einzubinden. Das schafft mehr Identifikation mit der Strategie. Anschließend sollte das Ganze in die einzelnen Teams herunterkaskadiert werden. Doch davor sollten Sie Ihr Team über die Unternehmensziele und den Weg dahin in einer gut vorbereiteten ehrlichen und starken Rede informieren. Es ist sehr hilfreich, dafür Storytelling zu nutzen und mit positiven Bildern und Metaphern zu arbeiten. Je begeisterter Sie selbst von der Strategie sind, desto leichter wird es Ihnen fallen, andere zu begeistern. Martin Luther King sagte damals in seiner weltberühmt gewordenen Rede aus dem Jahr 1963: »I have a dream«. Er sagte nicht: »I have a plan«. Und er sagte auch nicht: »I have a nightmare«. Ist der Chef selbst begeistert, gelingt es leicht, Begeisterung zu versprühen.

Wenn Ihr Team Vision, Ziele und Strategie kennt, ist das der erste Schritt in Richtung Erfolg. Kommunizieren Sie Vision und

Unternehmensziele immer und immer wieder, damit sie in den Köpfen der Mitarbeiter ankommen. Das bildet Vertrauen und wirkt sich positiv auf die Motivation aus. Stellen Sie den Bezug zum Gesamtunternehmen her, damit Ihre Mitarbeiter das große Ganze verstehen. Auch das schafft Motivation.

> Menschen wollen Sinn in ihrem Tun erleben und einen wertvollen Beitrag zum großen Ganzen leisten.

## Teamidentität und Wirgefühl stärken

Für die Stärkung des Wirgefühls und die Entwicklung einer besonderen Teamidentität sind im virtuellen Raum die folgenden Aspekte besonders wichtig:

- Gemeinsame Vision, Ziele und Strategie

- Gemeinsame Rituale und gemeinsame Symbole

- Zugang zu Informationen, auch zu »geheimen« Fakten, die ausschließlich dem Team vorbehalten sind

- Rasche und konstruktive Klärung bei Konflikten und Meinungsverschiedenheiten

- Gegenseitiges Vertrauen. Das heißt auch, um Hilfe bitten zu dürfen, offene Fragen zu stellen und bei Problemen frühzeitig miteinander in Kontakt zu treten und offen zu kommunizieren.

- Eine Kultur, in der der Mensch mit seinen Bedürfnissen und Interessen im Vordergrund steht und in der trotz der Distanz persönliche Beziehungen gepflegt werden.

**Tipps zur Steigerung der Teamidentität und des Wirgefühls**

- Schaffen Sie elektronisch wie physisch Möglichkeiten, sich auch informell zu treffen.
- Organisieren Sie mit den vorhandenen Medien eine Team-Website, um Identität und Zugehörigkeitsgefühl zu steigern. Dort können Sie Fotos einsetzen sowie Mitarbeiter oder Projekte vorstellen.
- Ernennen Sie an jedem Standort ein oder zwei Teambotschafter, die sich um den Zusammenhalt im Team und die Beziehungen untereinander kümmern.
- Zeigen Sie Interesse an Ihren Mitarbeitern und fragen Sie nach Sorgen und Problemen.
- Betonen Sie Gemeinsamkeiten zwischen den Teammitgliedern. Nutzen Sie möglichst oft die Wir-Form. Das stärkt den Zusammenhalt.
- Demonstrieren Sie, wie man anderen wertschätzendes Feedback gibt. Gehen Sie mit gutem Beispiel voran.
- Formulieren Sie Ihre Erwartungen an Ihre Mitarbeiter klar und deutlich.
- Gehen Sie sensibel und lösungsorientiert mit Meinungsverschiedenheiten und Konflikten um. Gleiches gilt bei Kontaktabbrüchen und anderen auffälligen Verhaltensweisen. Sprechen Sie die Beteiligten proaktiv an. Nutzen Sie Konfliktmanagement-Tools und in schwierigen Situationen zudem externe Hilfe.

## Kompetenzen im virtuellen Team

Untersuchungen zeigen, dass Teams, die ihre Stärken kennen und auch nutzen, um knapp 15 % produktiver sind als andere ohne dieses Wissen. Oft bestehen jedoch Unklarheiten über die vorhandenen Stärken und Kompetenzen.

Die nun folgenden Kompetenzen werden immer gebraucht, in der klassischen Präsenzarbeit genauso wie im virtuellen

Team. Es kann sein, dass Sie als Führungskraft über die Distanz schwieriger einschätzen können, ob diese Kompetenzen vorhanden sind. Daher sollten Sie diese bei den diversen Aufgabenstellungen im Blick haben. Eventuell hilft es auch, sich Kompetenzprofile Ihrer Mitarbeiter anfertigen zu lassen.

- **Projekte umsetzen:** Egal ob agile oder klassische Projekte, sie müssen geplant und organisiert werden. Hierzu gehört Methodenkompetenz, um Fortschritte und Probleme zu dokumentieren, zu kommunizieren und zu überwachen sowie Wissen im Team zu teilen.

- **Networking:** Silos werden am besten mithilfe von bereichsübergreifenden Netzwerken abgebaut. Wie kann man gut Kontakte knüpfen? Wer macht was, wer hat welche Kontakte? Wer kann wo helfen? Networking-Kompetenz heißt auch, die Perspektive zu wechseln und sich in einen anderen hineinzuversetzen, um ihn zu verstehen.

- **Selbstführung:** Wer über Selbstführungskompetenz verfügt, ist in der Lage, sich eigene Ziele zu setzen, sie zu priorisieren und zu erreichen. Zudem gelingt es ihm, sich selbst Grenzen zu setzen, sich zu motivieren und sich zu disziplinieren. Ebenso verfügt er über Flexibilität bei der eigenen Methodenkompetenz. Das inkludiert auch, das eigene Lernen und die persönliche Entwicklung voranzutreiben.

- **Selbsteinschätzung:** Es ist hilfreich, seine eigenen Stärken und Schwächen zu kennen und reflektieren zu können.

- **Soziale Kompetenz:** Hierzu zählt die Fähigkeit, andere Menschen zu verstehen, sich in sie hineinversetzen zu können, auf sie einzugehen und sie mit der richtigen Strategie zu überzeugen. Ebenso gehören wertschätzende Kommunikation und aufmerksames Zuhören dazu.

- **Technische Kompetenz:** Hierzu zählen Kenntnisse über den Einsatz von elektronischen Medien und Tools sowie das Wissen um effektive Arbeitsweisen als virtuelles Team und Mitarbeiter. Auch die Lösungsorientierung bei technischen Problemen gehört dazu. Es versteht sich von selbst, dass diese Kompetenz gerade im virtuellen Bereich besonders bedeutsam ist.

---

**Reflexion: Kompetenzen**

Wo stehen Ihre Mitarbeiter bei diesen Kompetenzen jeweils auf einer Skala von 1 bis 10 (1 = nicht ausgeprägt, 10 = voll ausgeprägt)?
Welche Kompetenzen sollten weiter ausgebaut werden? Ordnen Sie Ihre Mitarbeiter ein und teilen Sie ihnen, falls sich das anbietet, Paten, Mentoren oder Buddys zu, um sie zu unterstützen.

---

## Rollen im Team

Zur Teamentwicklung gehört es auch, die Rollen im Team so auszubalancieren, dass Projekte möglichst gut umgesetzt werden. Welche Rollen tragen dazu bei, dass ein Team erfolgreich zusammenarbeitet? Diese Frage haben sich viele Teamforscher gestellt. Anhand des Rollenmodells des US-amerikanischen Organisationsberaters David Kantor wollen wir Sie für die Besonderheiten der Rollen sensibilisieren. Eines vorweg: Keine Rolle ist besonders gut oder schlecht, vielmehr kommt es auf den Kontext an und die Aufgaben, die zu bewältigen sind. Vielfalt und Rollenflexibilität gewinnen!

Das Rollenmodell von David Kantor basiert auf vier Hauptrollen. Ein optimales Team ist dadurch gekennzeichnet, dass alle vier Rollen in der Balance sind. Die Teammitglieder können dann besonders gut miteinander harmonieren und zusammenarbeiten.

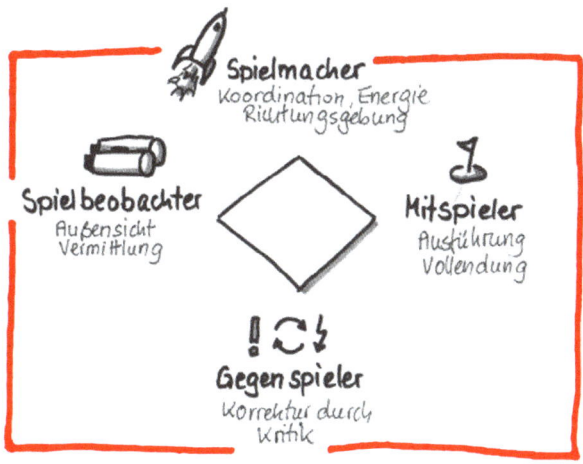

1. **Der Mover – Spielmacher:** Der Spielmacher initiiert und gibt die Richtung für sich und die anderen vor. Er ist die kreative und treibende Kraft im Team und steht für Bewegung. Ohne ihn gibt es keinen Fortschritt.

2. **Der Follower – Mitspieler:** Er unterstützt die anderen Teammitglieder und vervollständigt ihre Ideen. Ohne ihn gibt es keine Umsetzung.

3. **Der Opposer – Gegenspieler:** Er fordert heraus und zeigt Verbesserungsbedarf auf. Ohne ihn fehlen Überprüfung und Korrektur.

4. **Der Bystander – Spielbeobachter:** Er beobachtet das Ganze und zeigt andere Perspektiven auf. Ohne ihn gibt es keinen Überblick und keine Rückmeldung. Die Beobachterrolle sollte wahrgenommen werden, damit keine unproduktiven Verhaltensmuster entstehen.

Jede Rolle ist für den Erfolg und die Bewältigung der Aufgaben gleich wichtig und daher unerlässlich. Von Bedeutung ist, dass jedes Teammitglied flexibel in seinen Rollen agieren und die Rollen auch mal wechseln kann. So kann die Führung bei Unterthemen in Projekten z. B. unterschiedlich aufgeteilt werden.

### Reflexion: Rollenverteilung

Welche Rollen nimmt wer aus Ihrem Team ein? Sind alle Rollen im Team besetzt? Wer ist besonders häufig auf eine Rolle festgelegt? Wie können Sie mehr Rollenflexibilität erreichen?

Machen Sie sich immer wieder klar, dass Sie als Chef nicht alleine gewinnen können. Sie können nur gemeinsam mit einem gut entwickelten Team die gesteckten Ziele erreichen. Nur wenn das Team gewinnt, gewinnen auch Sie. Haben Sie Geduld: Ein virtuelles Team zu entwickeln, braucht seine Zeit.

Wie ist die Stimmung im Team? Online ist das oft nur schwer herauszufinden. Befragen Sie Ihr Team regelmäßig dazu oder nehmen Sie sich Zeit für Einzelgespräche.

# Kreativität und Innovationsfreude fördern

Innovationen machen ein Unternehmen zukunftsfähig und auf Dauer erfolgreich. Wichtig ist, dass Organisationen dabei den Blick nicht nur nach innen, in die eigene Entwicklung, richten, sondern auch nach außen, und zwar auf den Markt und die Kunden.

### BEISPIEL: AN DER ZIELGRUPPE VORBEI

Einer unserer Kunden, ein Pharmaunternehmen, hatte eine Tablette gegen Krebs entwickelt, um den Patienten künftig die ungleich belastendere und zeitintensivere Infusion zu ersparen. Man feierte das als *die* medizinische Innovation und war überzeugt, dass die Tablettenlösung den Markt revolutionieren würde. Doch das Medikament floppte. Warum? Wenn Sie einen Patienten vor die Wahl stellen: Tablette oder Infusion bei angenommener gleicher Wirkung – was wird er wohl antworten? Die Antwort liegt auf der Hand: Er wird die Tablette wählen. Wenn Sie jedoch die gleiche Frage einem Arzt stellen, sagt dieser sofort: Infusion. Denn damit verdient er zwischen 200 und 400 Euro, viel mehr als mit Tabletten. Das Pharmaunternehmen hatte sein Produkt an der Zielgruppe – den Ärzten – vorbei entwickelt.

Das Beispiel zeigt, welche wichtige Frage Sie sich immer wieder stellen sollten: Haben Sie mit Ihrem Team (noch) Ihre Kunden und Zielgruppen im Blick?

Wer sind Ihre Kunden und was brauchen sie? Was brauchen Ihre Kunden, von dem sie jetzt noch gar nichts wissen? Oft stellen wir nur Hypothesen dazu auf oder entwickeln Ideen auf dem Reißbrett dafür. Doch warum nicht einfach den Kunden fragen oder ihn sogar in die Arbeit an einem neuen Projekt integrieren?

## Co-Creation

Ein spannender Gedanke, der immer mehr und mehr Beachtung in der Unternehmenspraxis findet: Kunden an Innovationen und Veränderungen beteiligen und damit die kollektive, gemeinsame Kreativität heben, um die besten Lösungen für den Kunden zu schaffen. In der Fachwelt heißt das: Co-Creation. Wir nennen es kreative Kollaboration. Co-Creation trägt nicht nur zur Ideen- und Innovationsförderung bei. Sie hat auch weitere unterstützende Effekte: Der Kunde fühlt sich ernst genommen, weil seine Bedürfnisse, Probleme und Wünsche in die Lösungsfindung mit einbezogen werden.

**BEISPIEL: CO-CREATION IN DER AUTOMOBILBRANCHE**

Es gibt bereits einige Automobilhersteller, die Verbraucher schon in frühen Entwicklungsphasen einbinden, um das Potenzial des Produkts zu checken und sicherzustellen, dass die Kundenerwartungen vielleicht sogar übertroffen werden. Damit kann ein Wettbewerbsvorsprung entstehen. BMW etwa hat ein »Co-Creation Lab« entwickelt, bei dem Verbraucher virtuell Ideen einreichen und Fahrzeuge so konzeptionell mitentwickeln können. Auch Hitachi setzt auf die Zusammenarbeit mit Kunden. Gemeinsam werden Herausforderungen identifiziert, Visionen gebildet, Lösungen entwickelt und die Kunden anschließend in die Konzept- und Prototyping-Phase mit eingebunden, bevor das Produkt in den Markt eingeführt wird.

Klären Sie in einer virtuellen Session mit Ihrem Team, wie Sie Ihre Kunden in Innovations- und Produktentwicklungen miteinbeziehen können, um so nah an den Painpoints des Kunden zu sein und wirklichen Nutzen zu stiften. Im nächsten Schritt etablieren Sie schnelle Lernschleifen mit den Kunden. Durch deren frühes Feedback wird schnell klar, was noch verbessert werden kann und wo Sie auf dem Holzweg sind.

Nun gehen wir noch einen Schritt weiter: Wir übertragen die Vorgehensweise von Co-Creation auf die eigene Unternehmens- und Teamentwicklung, die Sie als Führungskraft ebenso im Blick haben sollten. Wer sind dann die Kunden? Warum nicht Mitarbeiter und Experten im Unternehmen selbst als Kunden ansehen, die es für Innovationen zu gewinnen gilt und die eine oft ungenutzte Expertise besitzen? Das erfordert Mut zur Transparenz und baut auch Silos ab. Der Gedanke hinter Co-Creation ist, Ideen zu teilen, anstatt sie in einer elitären Gruppe zu belassen. Das Credo: Wissen mehrt sich, wenn man es teilt, und Beteiligung schafft Verbindlichkeit. Durch diese Form der Mitbestimmung und Zusammenarbeit fühlen sich Mitarbeiter ernst genommen.

Diese Vorgehensweise kann sogar hervorragend genutzt werden, um das Image des Unternehmens zu stärken. Ein typischer Top-down-Ansatz schürt meist schnell Widerstand und kostet Zeit und wertvolle Ressourcen. Mit Co-Creation schaffen wir Transparenz und binden die Menschen dort ein, wo immer es möglich und sinnvoll ist. Für uns ist Co-Creation ein Ansatz, eine Haltung, mit der Innovationen und neue Produkte gemeinsam angepackt werden und besser gelingen, sodass Kunden, externe wie interne, zufriedengestellt werden.

## Kreativitätsmethoden und -techniken

Teams können auch auf räumliche Distanz hin kreativ sein. Eine Studie der Universitäten Hannover und Köln (vgl. ManagerSeminare, Heft 270, S. 8, September 2020) hat genau dies untersucht und kam zu dem Ergebnis, dass es im Hinblick auf die Kreativität der Teams keine Rolle spielt, ob man persönlich oder per Video zusammenarbeitet.

Es gibt viele kreative Methoden, die Sie auch virtuell anwenden können. Wichtig ist hier die richtige Auswahl der Kommunikationstools.

### Brainstorming

Eine sehr einfache Methode zum kreativen Ideensammeln ist das Brainstorming. Sie nutzen dazu am besten ein Kollaborationstool, das Ihnen Whiteboard-Funktionen anbietet. Beispiele dafür sind Mural oder die Whiteboard-Funktionen des iPad. Alle Ideen werden dort auf Zuruf notiert. Dabei gelten folgende Regeln:

1. Das Abwerten von Ideen und die Kritik daran sind verboten.
2. Jede Idee, egal wie ungewöhnlich sie ist, ist erlaubt. Verrückte Einfälle sind hier sogar sehr willkommen.
3. Jeder Teilnehmer soll so viele Ideen wie möglich entwickeln.
4. Die Ideen der anderen dürfen aufgegriffen und weitergesponnen werden.
5. Ideen werden als Gruppenleistung angesehen: Das »Wir« ist Schöpfer der Ideen, nicht das »Ich«.

## Kopfstand-Methode

Wenn Denkblockaden bestehen, dann ist die Kopfstandmethode das Mittel der Wahl. Dabei wird die Problemstellung ins Gegenteil verkehrt, also auf den Kopf gestellt. Als Erstes entwickeln Sie dazu mit dem Team eine eindeutige Arbeits- bzw. Zielfrage. Und genau diese Formulierung wird dann ins Gegenteil umgewandelt. Mittels Brainstorming können dann Ideen gesammelt werden, die das Problem verschlimmern. Das fällt Menschen meist leichter, als in Lösungen zu denken. Gleichzeitig wird dabei viel kreative Energie freigesetzt. Im nächsten Schritt werden die Ergebnisse umgekehrt. Oft kommen dann ganz unerwartete Varianten der Lösung zutage.

## Die Walt-Disney-Methode

Walt Disney war nicht nur ein Mensch mit großartigen Visionen, sondern auch ein sehr erfolgreicher Unternehmer. Um seine Projekte aus unterschiedlichen Perspektiven zu betrachten, schlüpfte er in drei Rollen: in die Rolle des Visionärs, des Realisten und des Kritikers. Damit gelang es ihm, die Perspektive zu wechseln, wenn es darum ging, zu Entscheidungen zu kommen, Strategien zu überprüfen und Ideen zu entwickeln. Keine Rolle ist wichtiger als die andere. Nur im ausbalancierten Zusammenspiel entfalten sie ihre volle Kraft und Wirkung.

Diese Methode können Sie auch gut virtuell mit Ihrem Team anwenden, indem Sie Ihre Mitarbeiter in drei unterschiedliche Breakout-Räume schicken und sodann ganz in die entsprechenden Rollen schlüpfen lassen.

1. **Der Visionär:** Der Visionär ist ein unkonventioneller Träumer, der das Quer- und Andersdenken pflegt. Er liefert die kreativen Ideen. Im Raum des Visionärs stehen die Leichtigkeit, die Freude an der Kreativität, das Träumen und Luftschlösser Bauen im Vordergrund. Andere Ideen sind dort willkommen und sollten sich gegenseitig befruchten, also nicht bewertet werden.

2. **Der Realist:** Er unterzieht die Ideen des Visionärs einem Realitätscheck. Der Realist bringt die Ideen des Visionärs in die Realität zurück und nimmt ihnen so das Abgehobene und Träumerische. Damit werden alle wieder geerdet und geankert. Die Spreu wird vom Weizen getrennt. Die Ideen werden in diesem Raum auf ihre Machbarkeit und Umsetzungstauglichkeit überprüft. Hier herrscht eine sachliche, nüchterne und logisch-analytische Stimmung.

3. **Der Kritiker:** Er ist sensibilisiert für Schwachstellen und legt den Finger in die Wunde. Damit nimmt er dem Träumer und Visionär die Naivität und Blauäugigkeit. Er berücksichtigt Worst-Case-Szenarien und hat das Ziel, negative Überraschungen zu verhindern. Im Raum des Kritikers agiert man umsichtig, vorsichtig und besorgt.

## Design Thinking

Eine co-creative Innovationsmethode ist das Design Thinking. Es ist mehr als nur vorübergehender Hype, auch wenn es in den letzten Jahren sehr in Mode gekommen ist. Design Thinking ist mehr als eine Arbeitsweise oder eine kreative Art zu denken. Es ist eine Art Arbeitsphilosophie, die die Bedürfnisse der Kunden in den Mittelpunkt der Betrachtung stellt. Dadurch kann es gelingen, die Bedürfnisse und Probleme der Menschen in Produkte und Dienstleistungen zu verwandeln, die echten Mehrwert schaffen und erfolgreich sind. Design Thinking ist, einfach formuliert, menschenzentriertes Arbeiten: Wir hinterfragen Bestehendes und wagen uns gemeinsam in multidisziplinären Teams an Projekte, deren konkreter Ausgang zu Beginn kaum abschätzbar ist. Dies erfordert Kreativität, Empathie und Experimentierfreudigkeit.

Das Design Thinking Mindset zeichnet sich durch das Einnehmen unterschiedlicher Perspektiven aus. Es muss ein Raum geschaffen werden, in dem es erlaubt, ja sogar erwünscht ist, Fehler zu machen. Die Umgebung der Menschen entscheidet darüber, wie kreativ sie sind. Der Raum gibt ihnen sozusagen die Erlaubnis, kreativ zu sein, querzudenken und Fehler zu machen. Auch virtuell ist es möglich, solche Räume zu schaffen, und zwar mit den passenden Kollaborationstools (siehe dazu Kapitel »Die richtigen Tools auswählen«).

Ein erfolgreicher Design-Thinking-Prozess startet ergebnisoffen. Fehler sind da vorprogrammiert. Doch nur so können sich Kreativität und kundenzentriertes Denken voll entfalten.

Ein Design-Thinking-Prozess durchläuft sechs Phasen.

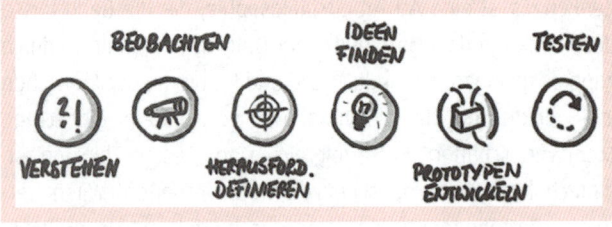

*Design Thinking Workflow*

1. **Verstehen:** In dieser Phase steckt das Team den Problemraum ab.

2. **Beobachten:** Hier versetzen sich die Teilnehmer in den Kunden, machen sich seine Probleme zu eigen und bauen Empathie für ihn auf, indem sie ihn beobachten.

3. **Sichtweise definieren:** In dieser Phase geht es darum, die gewonnenen Erkenntnisse zusammenzutragen und zu verdichten.

4. **Ideen finden:** Hier entwickelt das Team möglichst viele Lösungsmöglichkeiten, um sich dann auf ein paar davon zu fokussieren.

5. **Prototypen entwickeln:** Erste kleine Lösungen, also Prototypen, werden gebaut. Dieser Schritt sollte möglichst in einem Offline-meeting mit dem gesamten Team stattfinden. Oder Sie teilen die Mitglieder standortbezogen in Gruppen zur Erstellung von Prototypen auf.

6. **Testen:** Die Prototypen werden an der Zielgruppe getestet.

# Vernetztes Arbeiten

Schnelle Reaktionszeiten und Agilität werden im globalen Wettbewerb für Unternehmen immer wichtiger. Laut Herminia Ibarra, Professorin für Organisationsverhalten, sind die Zeiten, in denen Führungskräfte ihren Beitrag zum Unternehmenserfolg auf das eigene Abteilungssilo beschränken konnten, endgültig vorbei. Führungskräfte, egal auf welchen Ebenen, müssen ihre Fähigkeiten verbessern, um das Geschäft am Laufen zu halten, um Innovationen zu pushen und ihre Mitarbeiter erfolgreich durch Veränderungen zu führen.

Die Entwicklung neuer Produkte und Problemlösungen muss heute binnen kurzer Zeit gelingen. Als Hemmschuh können sich Gewohnheiten und Routinen entpuppen, die sich über Jahre hinweg etabliert haben. Wir sprechen hier von Silomentalitäten, die es zu überwinden gilt. Wenn Abteilungen aneinander vorbei oder sogar im Wettbewerb quasi gegeneinander arbeiten, kann das den Erfolg der gesamten Organisation verhindern. Hinzukommen ebenfalls negative Nebeneffekte: Frust und Demotivation aller Beteiligten. Lassen Sie uns einen näheren Blick auf die Silomentalität werfen: Was hat es genau mit den Silos und der Silodenke auf sich?

## Silos: Errungenschaft oder Plage?

Der US-amerikanische Unternehmensberater Phil S. Ensor hat den Begriff »Silo« auf die Welt von Organisationen übertragen. Beim Anblick von heimischen Getreidesilos musste er an die vielfältigen Herausforderungen in Unternehmen denken. Der von ihm geprägte Begriff wird seitdem für die funktionale Aufteilung einer Organisation in unterschiedliche Bereiche und Teilbereiche genutzt und zeigt sozusagen Abteilungsgrenzen im Rahmen der Arbeitsteilung auf. Wir kennen Silos als Unternehmensbereiche, so z. B. Vertrieb, Marketing, Personal, Recht, Lager, Produktion, IT usw. In diesen einzelnen Bereichen kann es weitere Untersilos geben, wie z. B. im Vertrieb die Steuerung, den Innen- und den Außendienst, den Handelsvertrieb etc. Jede funktionale Aufteilung kann zu einem Silo führen. Das hat durchaus Vorteile.

Arbeitsteilung ist prinzipiell eine Stärke der Organisation. Es fördert ein effizienteres Arbeiten und qualitativ bessere Arbeitsergebnisse, wenn Experten sich im Rahmen ihrer Expertise und Verantwortung um Teilaufgaben kümmern. Solche gewachsenen Strukturen sind Voraussetzung für die Handlungsfähigkeit einer Organisation.

Bei Start-ups gibt es solche Strukturen noch nicht. Dort wird meist noch spontan entschieden, wer sich um welchen Bereich kümmert. Oft gilt dort das Motto: Jeder macht alles. Wenn das Unternehmen wächst und reift, kommt es irgendwann zu einem Punkt, zu dem Strukturen festgelegt und organisiert werden müssen. Dann tauchen Fragen auf: Welche Regeln geben wir uns? Wer macht was? Damit wird der Grundstein für Arbeitsteilung und somit auch für Silos gelegt.

## Silodenken

Silos haftet jedoch auch immer etwas Negatives an. Denn die Arbeitsteilung führt häufig zu einem sogenannten Silodenken: Man sieht nur noch den eigenen Bereich und/oder grenzt sich von anderen Bereichen ab. Zu erkennen ist dies an Aussagen wie: »Was hat der Vertrieb denn da schon wieder beschlossen?!«, »Das Controlling will schon wieder Extra-Arbeit von uns.«

Silodenken ist häufig nicht nur bezogen auf tatsächliche Funktionsbereiche, sondern auch auf Hierarchielevel. So kann das Topmanagement z. B. von einfachen Angestellten als Silo empfunden werden: »Die da oben nun wieder!«

Seit mehreren Jahrzehnten wird das Thema »Silodenken« nun schon diskutiert. Es war jedoch nie so brisant wie heute. Denn heutzutage dreht sich unsere Welt immer schneller und schneller. Wandel ist die neue Normalität. Wir leben in einer VUKA-Welt, die geprägt ist von **V**olatilität, **U**nsicherheit, **K**omplexität und **A**mbiguität (Mehrdeutigkeit). Wer hier überleben will, muss nicht nur agil und innovationsfähig sein, sondern auch die Herausforderungen bewältigen, die die Digitalisierung an uns stellt. Silodenken in Unternehmen verhindert schnelle Reaktionen auf sich rasch verändernde Umwelten: Im Silo verhaftet entsteht in den Teams und Abteilungen rasch ein Tunnelblick; sie kreisen um sich selbst.

Mit Silodenken ist eine starre Fixierung auf die eigene Abteilung, das eigene Team verbunden. Mein Team, unser Ziel – alle anderen sind Feinde oder zumindest Ausbremser und Verhinderer. Jeder entwickelt nur für sich Lösungen. Offener und konstruktiver abteilungsübergreifender Austausch existiert nicht. Oft stecken Ziel- und Interessenkonflikte dahinter, wie das folgende Beispiel zeigt.

**BEISPIEL: MARKETING VERSUS VERKAUF**

Bei einem IT-Anbieter herrscht Eiszeit zwischen Marketing und Verkauf. Für die Verkäufer in den Shops und deren Verkaufsleiter ist das Marketing mittlerweile ein rotes Tuch. Der Hintergrund: Es verspricht viel zu oft Dinge in seinen Anzeigen, die die Mitarbeiter im Shop vor Ort nicht halten können. Die Leidtragenden sind die Verkäufer. Sie müssen mit den verärgerten und enttäuschten Kunden umgehen – keine schöne Aufgabe.

Ein klassischer Interessenkonflikt: Das Marketing möchte so viele Kunden wie möglich mit seinen Anzeigen in die Läden locken. Die Verkäufer möchten zufriedene Kunden, die so wenig wie möglich reklamieren. Allerdings haben die beiden Abteilungen auch eine gemeinsame Interessenbasis: Sie wollen, dass Kunden kaufen. Wenn beide Abteilungen ausgehend von diesem gemeinsamen Nenner miteinander sprechen würden, könnte eine gute Lösung für alle gefunden werden.

## Die Risiken des Silodenkens

- Silodenken mündet im Informationschaos: Wissen ist Macht. Daher wird es nach oben in die Geschäftsführung abgezogen (sogenannter Kamineffekt), nicht jedoch mit anderen Abteilungen geteilt.

- Silos schotten ab. Der Blick über den Tellerrand fehlt. Das Team oder die Abteilung schmort im eigenen Saft. Damit entsteht Intransparenz.

- Silos schaffen Isolation. Sie trennen Mitarbeiter nicht nur räumlich, sondern auch gedanklich.

- Silodenken fördert Egoismus. Es geht darum, die eigenen Interessen und Ziele durchzusetzen, auch auf Kosten anderer.

- Silos wollen gewinnen – um jeden Preis. Egal, ob es um Ressourcen, Kunden, die Anerkennung des Topmanagements etc. geht – es wird um jeden Sieg gerungen. Doch wenn einer gewinnt, verliert gezwungenermaßen ein anderer. Win-win-Situationen werden gar nicht erst angestrebt.

- Silos stehen für eindimensionale Sichtweisen. Nur die Gruppe im Silo zählt. Andere Perspektiven werden nicht gesehen oder zugelassen. Auch der Blick auf das große Ganze entfällt.

- Silos führen zu Mehrarbeit und Mehrkosten, wenn die eine Abteilung nicht weiß, was die andere macht.

Dies zeigt: Silodenken ist schädlich für Unternehmen. Es braucht eine vernetzte und übergreifende Zusammenarbeit, wenn komplexe Fragestellungen gelöst werden sollen und es um das Treiben von Innovationen geht.

## Silodenken abbauen

Doch was tun? Es hilft nicht, wenn Sie einfach nur die Parole ausgeben: »Wir müssen die Silos abbauen!« Damit werden sich die Menschen in den Silos nicht verändern. Auch das Umorganisieren und Umstrukturieren helfen nicht unbedingt weiter. Dies führt unter Umständen nur dazu, dass neue Siloformen gebildet werden. Wir meinen, es ist für Sie als Führungskraft wichtig, den Hebel direkt am Team anzusetzen.

Fragen Sie sich, wo es genau hakt, wo die Zusammenarbeit mit anderen Abteilungen, Bereichen und Ihrem Team noch nicht gut funktioniert. Setzen Sie an diesem Painpoint an. Erarbeiten Sie Detaillösungen für bessere Vernetzung und Zusammenarbeit. Also weg vom globalgalaktischen Motto »Wir müssen Silos abbauen!« und hin zu konkretem Ziel und Tun.

Wenn Sie zu der Erkenntnis kommen, dass die Performance Ihrer Abteilung davon abhängt, wie gut sie mit anderen Abteilungen kooperiert, können Sie Folgendes tun:

▪ Nutzen Sie Social Collaboration Tools. Die »Deutsche Social Collaboration Studie« aus dem Jahr 2019 zeigt, dass sich die Zusammenarbeit in Teams, Abteilungen und Hierarchieebenen durch Nutzung solcher Tools verbessert hat. Mit Tools wie z. B. Slack, Trello, Wunderlist, Doodle können Experimentierräume geschaffen werden, in denen Kollaboration und vernetztes Arbeiten über Abteilungsebenen hinaus möglich sind. Auch Wissenssilos lassen sich dadurch abbauen. Zudem wurde nachgewiesen, dass Mitarbeiter, die diese Tools nutzen, um 30 % effektiver arbeiten als ihre Kollegen, die sie nicht anwenden.

- Fördern Sie abteilungsübergreifendes Socializing. Initiieren Sie gemeinsame Essen oder, wenn Ihre Mitarbeiter auf verschiedene Standorte verteilt sind, virtuelle After-Work-Partys oder ein Online-Nachmittagscafé.

- Bitten Sie Führungskräfte oder Mitarbeiter aus anderen Abteilungen um Feedback oder um Teilnahme an kurzen Brainstorming Sessions.

- Initiieren Sie ein digitales Vernetzungsevent mit verschiedenen Abteilungen.

- Setzen Sie sich für (virtuelles) Mentoring über die Abteilungen und Teams hinweg ein. Viele Unternehmen haben bereits Mentorenprogramme initiiert. Wenn Ihr Unternehmen noch keines hat, machen Sie sich stark dafür. Besonders hilfreich z. B. im Bereich »technische Kompetenz« ist Reverse Mentoring: Hier wird das junge Talent zum Mentor. Die routinierten älteren Fachkräfte nehmen die Rolle des Mentees ein. Das führt auf beiden Seiten zu einem Perspektivwechsel und zu einer Horizonterweiterung.

- Finden Sie abteilungsübergreifende Projekte oder initiieren Sie solche.

- Stellen Sie anderen Teams mit ähnlichen Herausforderungen Ihre Lessons Learned zur Verfügung, so z. B. in Wissensdatenbanken – auch Wikis genannt.

- Fördern Sie Jobrotation. Das ist zwar mit organisatorischem Aufwand verbunden, allerdings sehr förderlich für einen Perspektivenwechsel und das Lernen von anderen. Zudem beugt es »Fachidiotie« vor.

- Finden Sie neue Incentivierungssysteme gegen die persönlich ausgeprägte Kampfmentalität, so z. B. eine Erfolgsbeteiligung für das Projektteam.

- Kreieren Sie ein Unternehmens-Wiki als Wissensspeicher, der für alle zugänglich ist.

- Fördern Sie abteilungsübergreifend die »Working Out Loud«-Methode (siehe hierzu ausführlich Kapitel »WOL kompakt«).

- Reflektieren Sie immer wieder Ihre Haltung, Ihr Mindset als Führungskraft: Wie stehen Sie selbst zu den Themen »vernetztes Arbeiten« und »Netzwerke bilden«?

- Holen Sie sich Hilfe bei Coaches.

**BEISPIEL: SILOABBAU BEI DAIMLER**

Auch bei der Daimler AG hieß es, Silos abbauen und Schwarmintelligenz nutzen. Im Rahmen der Umsetzung der Strategie Leadership 2020 wurden agile Coaches implementiert und die Vernetzung gefördert, auch abteilungsübergreifend.

## Netzwerken: So funktioniert es

Nehmen Sie einmal an, es gäbe neben dem normalen Bankkonto auch ein emotionales Beziehungskonto, also ein Konto im zwischenmenschlichen Bereich. All Ihre Handlungen, Ihre Aussagen, alles, was Sie tun und lassen, führen zu Einzahlungen und Abhebungen auf diesem Konto. Dabei ist es wichtig, dass das Konto stets im Plus ist. Abheben können Sie erst, wenn Sie genug eingezahlt haben.

Genauso werden belastbare Beziehungen und Netzwerke geknüpft: Erst dann, wenn das Konto schon gut gefüllt ist, kann man auch etwas abheben. Wenn das Vertrauen da ist, die Basis stimmt, können Sie eher etwas nachgiebiger sein, wenn sich der andere einmal nicht wie gewünscht verhält. Machen Sie erst Einzahlungen und geben Sie und füllen damit das emotionale Beziehungskonto. Was könnten Ihre Einzahlungen sein? Eine Beziehung besteht aus Geben und Nehmen, sie muss für beide Seiten einen Nutzen haben. Überlegen Sie deshalb immer, was Sie Ihrem Gegenüber geben können, damit er im Gegenzug eventuell gibt, was Ihnen wichtig ist.

Bedenken Sie, dass Netzwerken Geduld braucht. Oft führt nicht der direkte Weg zum Erfolg. Doch einer der Kontakte Ihres Kontakts kennt vielleicht jemanden, der jemanden kennt, der Sie unterstützen kann.

Und überlegen Sie sich gut, welches Bild Sie beim Netzwerken von sich selbst vermitteln möchten. Was soll jemand über Sie sagen, wenn Sie nicht anwesend sind? Wie sieht Ihr Markenprofil als Führungskraft aus? Was sollen andere von Ihnen wahrnehmen? Mit diesem Thema beschäftigen wir uns ausführlicher im Kapitel »Ihre virtuelle Präsenz«.

# Das Identifikationsdilemma

Verbindungen aufzubauen und zu festigen, ist im virtuellen Kontext viel schwieriger als offline. Ebenso können sich Mitarbeiter schlechter mit dem Unternehmen, dem Team und den Kollegen identifizieren. Auch die Isolation im Homeoffice trägt nicht zur besseren Identifikation bei.

Wenn Sie erfahren, dass in Indien ein Rad von einem entfernten Bekannten gestohlen wurde, dann tangiert Sie das wahrscheinlich kaum. Wurde Ihr Rad jedoch vor der Tür Ihres Arbeitgebers entwendet, werden sicherlich starke Gefühle wie Wut, Ärger und Traurigkeit in Ihnen auftauchen. Die eigene Betroffenheit und emotionale Bindung an das Fahrrad schüren diese Gefühle.

Im Unternehmenskontext geht es ebenfalls um emotionale Bindung, und zwar um die positive emotionale Bindung der Mitarbeiter an das Team und das Unternehmen. Nur mit einem Wirgefühl empfinden sich Mitarbeiter als Teil des Unternehmens und machen die Unternehmensziele zu ihren eigenen. Die Ergebnisse: höhere Leistungsbereitschaft und mehr Zufriedenheit.

## Aus den Augen, aus dem Sinn?

Wenn Mitarbeiter den Status von Projekten, Aufgaben etc. von Kollegen nicht kennen, wird die Kollaboration schwierig. Machen Sie sich Identifikationsprobleme klar, analysieren Sie Schwachstellen. Sieht sich jeder Mitarbeiter als wichtigen, unverzichtbaren Teil des Teams oder eher als fünftes Rad am Wagen? Trifft die zweite Option zu, sollten Sie handeln, und zwar schnell. Erläutern Sie die Hintergründe und Zusammenhänge. Machen Sie dem Mitarbeiter klar, dass das Ziel nur gemeinsam mit vereinten Kräften erreicht werden kann.

Menschen können sich identifizieren, wenn sie die Sinnhaftigkeit ihres Tuns und der Ziele kennen, die ihnen gesetzt sind. Stiften Sie diesen Sinn. Begeistern Sie Ihre Mitarbeiter für die Ziele.

Niemand fühlt sich gerne außen vor und alleine gelassen. Wissen Ihre Mitarbeiter, dass Sie für sie da sind? Wenn Sie sich auf Ihre Mitarbeiter fokussieren, nehmen diese das auch wahr? Zeigen Sie aktiv Ihr Interesse an ihnen? Wie viel Zeit nehmen Sie sich für jeden einzelnen?

Wissen und Wollen alleine reichen für gute Führung nicht aus. Sie müssen sie auch in die Praxis umsetzen und aktiv das Vertrauen Ihrer Mitarbeiter gewinnen, auf- und ausbauen. Fragen Sie Ihre Mitarbeiter, was diese genau von Ihnen brauchen, damit der Weg frei wird für Motivation und Leistungsbereitschaft. Nehmen Sie Einfluss als Führungskraft, nehmen Sie die Führung in die Hand, damit Identifikation gelingt und Sie gemeinsam erfolgreich sind. Die folgenden Tipps helfen Ihnen dabei.

### Tipps zum Aufbau von Identifikation

Vereinbaren Sie regelmäßige kurze Zweier-Meetings mit Ihren Mitarbeitern, damit Sie wissen, wo diese gerade stehen und mit welchen Herausforderungen sie aktuell kämpfen. Denken Sie daran: Niemand will gerne im luftleeren Raum schweben. Geben Sie zeitnah und regelmäßig Feedback.

**Tipps zum Aufbau von Identifikation**

Fragen Sie explizit nach den Sorgen und Nöten Ihrer Mitarbeiter und zeigen Sie wertschätzend Ihr Interesse daran, gemeinsam gute Lösungen zu finden.

Achten Sie auf das Wir in Ihren Ziel- und Aufgabenformulierungen.

Finden Sie Markenbotschafter im Team, die im Unternehmen Marketing für Ihr Team machen.

# Am besten agil!

2001 wurde das sogenannte Agile Manifest von 16 Softwareentwicklern verfasst. Es legte die Prinzipien und Werte für das agile Framework fest. Deren Anwendung blieb nicht auf Software-Projekte beschränkt. Mittlerweile spielen die agilen Grundsätze auch in der Organisationsentwicklung, in Prozessen und in der Führung eine große Rolle.

Agilität wird mitunter als Synonym für planlose Flexibilität oder konsequenzlose Unordnung bezeichnet. Das Gegenteil ist der Fall: Agil zu handeln bedeutet, äußerst diszipliniert und strukturiert innerhalb eines Methodensets vorzugehen. Wir haben das in unserem TaschenGuide »So geht Agilität« ausführlich dargestellt.

Doch Agilität ist noch mehr als ein Methodenset. Sie korrespondiert ganz wunderbar mit dem Führen auf Distanz. Folgende Grundmerkmale der Agilität sind gleichzeitig Erfolgsbausteine für das virtuelle Führen.

## Agiler Baustein 1: Schnell in die Praxis

Im agilen Projektmanagement hat das Minimum Viable Product, auch MVP genannt, große Relevanz: Es wird in kurzer Zeit etwas erarbeitet, was funktioniert und für den Anwender bereits einen Mehrwert bringt, jedoch ohne Anspruch auf Vollständigkeit.

### BEISPIEL: MINIMUM VIABLE PRODUCT

Ein Softwareentwicklungsteam programmiert nicht etwa so lange, bis das vollständige System an Features für eine Software vorhanden ist. Es reicht erst einmal eine Funktion, so z. B. bei einer Meeting-Software die Sammlung der Themen für die Agenda. Während die Tester bereits die Agendafunktion ausprobieren, wird das Tasktracking erstellt usw. Während des Programmierens erhält das Team Rückmeldung und neue Ideen von den Anwendern.

Bei dieser Vorgehensweise ist die Wahrscheinlichkeit, dass das Produkt den tatsächlichen Bedarf der Kunden trifft und damit ein Erfolg wird, höher als bei der klassischen Wasserfall-Methode, bei der alles von Anfang an bis ins kleinste Detail ausgeplant und dann umgesetzt wird.

### BEISPIEL: MVP BEI JURISTISCHER DIENSTLEISTUNG

Übertragen auf eine Vertragserstellung könnten die MVP so aussehen:

Erstes MVP: Vertragslandkarte, die die wesentlichen Rechte und Pflichten in einer Liste enthält. Das geht schnell, weil sie nicht juristisch ausformuliert werden muss. Positiver Nebeneffekt: Eine solche Liste ist meist für den Kunden leichter verständlich als die ausformulierten Vertragsklauseln.

Die nächsten MVP: Dann kommen Schritt für Schritt die weiteren Details im Vertrag hinzu, bis das Vertragswerk fertiggestellt ist.

Überlegen Sie gemeinsam mit Ihrem Team, was in Ihrem Verantwortungsbereich Minimum Viable Products sein könnten. Erstellen Sie eine Produkt- oder Leistungspyramide, um sich und den anderen zu verdeutlichen, was bereits Mehrwert liefert und wie Sie Feedback einholen können.

## Agiler Baustein 2: Kurze Zyklen

Kurze Zyklen werden durch das MVP-Prinzip erst möglich, denn kleinere Aufgabenpakete kann man auch in kürzerer Zeit erstellen. Ein solcher Zyklus, auch Sprint genannt, dauert im Agilen ein bis vier Wochen, dann gibt es bereits das Feedback dazu. So werden deutlich rascher mehr Anpassungen möglich, was zu einer schnelleren Verbesserung der Qualität beiträgt. Auch dieses Prinzip lässt sich gut auf jede Art von Projekten sowie auf die Führung anwenden: Setzen Sie Ihre Mitarbeitergespräche beispielsweise monatlich an, nicht nur jährlich.

Sinnvolle Flexibilität ist der nächste Vorteil, der durch die kurzen Zyklen entsteht: Seit den frühen 2000er-Jahren stellen zunehmend mehr Unternehmen ihr Planungsverfahren von der klassischen Geschäftsjahresplanung auf einen »Rolling Forecast« oder den »Eventdriven Forecast« um. So können aktuelle Entwicklungen leichter in die Planung aufgenommen werden und schneller Maßnahmen eingeleitet werden. Während der Corona-Epidemie hat sich gezeigt, dass jene Unternehmen, die bereits sinnvoll flexible, also agile Managementmethoden verankert hatten, viel besser mit der schwierigen und unwägbaren Situation zurechtkamen.

## Agiler Baustein 3: Time is everything

Was für viele anfangs schwierig ist, die sich mit der agilen Welt vertraut machen, ist das dort herrschende Diktat der Zeit: Ein Sprint ist zu Ende, wenn die Zeit um ist, die anfangs vereinbart wurde, und nicht erst, wenn das Ergebnis vorliegt.

Das scheint zunächst unlogisch, denn wir haben ja gleich zu Anfang dieses TaschenGuides geschrieben, dass es bei Führung um Ergebnisse geht, und zwar als wichtigste Aufgabe schlechthin. Allerdings bedeutet das nicht, zu akzeptieren, dass eben kein Ergebnis vorliegt. Vielmehr wird in den nächsten Sprints weitergearbeitet, bis ein Ergebnis vorliegt. Der eigentliche Produktionszyklus wird also nicht verlängert, aber wiederholt. Sie fragen sich, wo da der Unterschied ist? Existiert ein klares Zeitlimit, wächst die Bereitschaft im Team, darüber nachzudenken, wie man das Ergebnis in der vorgesehenen Zeit schaffen kann.

## Agiler Baustein 4: Regelmäßige Feedbackschleifen

Jeder Sprint (siehe hierzu das Kapitel »Agiler Baustein 2: Kurze Zyklen«) endet mit einem Sprint Review, in dem die Leistung aus dem Sprint evaluiert wird, und einer Sprint Retrospektive, in der die gemeinsame Zusammenarbeit im Sprint beleuchtet wird. Dabei steht nicht alleine die Evaluierung im Fokus, sondern das Ableiten von Maßnahmen zur Qualitätssteigerung. So betrachtet sind die Begriffe falsch gewählt, denn ein Review ist ein Rückblick und eine Retrospektive eine Rückbetrachtung.

In diesen agilen Instrumenten geht es aber um beides – erst um den Blick zurück und dann um die Ausrichtung nach vorne. Strenggenommen müsste es also Pro-View und Pro-Spektive heißen.

Betrachtet man diese vier agilen Erfolgsbausteine, wird deutlich, dass die agile Methodik eine Erfolgsbasis bildet, rasch auf Veränderungen zu reagieren und schnell wirksame Maßnahmen zu treffen, die zu größerer Effizienz führen. Doch nicht nur das: Sie bereitet auch den Boden dafür, dass sich Teams diszipliniert und kontinuierlich mit Verbesserung und Leistungssteigerung auseinandersetzen. Darin liegt aus unserer Erfahrung ein wesentlicher Mehrwert der agilen Führung.

## Selbststeuerung und Eigenverantwortung

Agilität fußt auf der Selbstverantwortung des einzelnen Teammitglieds. Jeder kontrolliert sich selbst und jeder fühlt sich gleichermaßen für die Ergebnisse verantwortlich. Keine Angst! Sie werden nicht arbeitslos, wenn sich Ihre Mitarbeiter gut selbst steuern können. Im Gegenteil: Sie können den Gewinn an Zeit für die Entwicklung von Ideen und intensiveres Coaching Ihrer Mitarbeiter nutzen. Das bringt alle nochmals ein gutes Stück nach vorne – auch Sie, nämlich in Ihrer Karriere.

**BEISPIEL: JEDER IST MODERATOR**

Wir haben gute Erfahrungen damit gemacht, in unseren Meetings keine Moderatoren mehr einzusetzen. Jeder im Team ist Moderator und damit für das Meeting-Ergebnis mitverantwortlich.

Wer im Homeoffice oder fernab von allen anderen im Team arbeitet, muss ebenfalls ein gutes Stück weit Eigenverantwortung übernehmen. Nicht alle Mitarbeiter sind in der Lage dazu. Daher lohnt sich bei der Mitarbeiterauswahl eine Potenzialanalyse, die ermittelt, in welchem Grad ein Bewerber darüber verfügt. Wie das funktionieren kann und ein besonderes Angebot für unsere Leser finden Sie dazu am Ende des Kapitels »Nicht stehen bleiben – Weiterentwicklung für Führungskräfte«.

### Reflexion zum agilen Führen auf Distanz

Wie viele fixe Treffen haben Sie mit Ihrem Team vereinbart, in denen Sie über Ziele und deren Erreichung sprechen?

In welchen zeitlichen Abständen evaluieren Sie gemeinsam die Ergebnisse des Teams? Wöchentlich, monatlich oder in noch größeren Abständen?

Wie oft pro Monat sprechen Sie mit Ihrem Team über konkrete Maßnahmen, die die Zusammenarbeit im Team stärken?

Welchen Grad an Selbststeuerung hat Ihr Team? Wie gut funktioniert das Team auch ohne Sie?

# Objectives and Key Results – ideal für Sie als Remote Leader

Als Peter Drucker das Führen durch Zielvereinbarungen propagierte und damit eine neue Ära im Management einleitete, dachten viele: Besser geht es nicht. Aber bereits Anfang der 1970er-Jahre war Andy Grove, der Mitbegründer des späteren Technologie-Giganten Intel, mit diesem System nicht mehr zufrieden. Er entwickelte die Methode »Objectives and Key Results«, kurz OKR, als Rahmenwerk für ein modernes Management. In den 1990er-Jahren adaptierten die Google-Gründer Larry Page und Sergey Prin die Methode für ihr Unternehmen. Von da an verbreitete sie sich rapide weiter. OKR ist heute in allen Unternehmen Standard, die auf ein dynamisches Managementsystem setzen, das Ziele zur Steuerung verwendet, Ergebnisse als die einzige relevante Messgröße akzeptiert und einfach in der Anwendung ist.

Die OKR-Methode eignet sich besonders als Steuerungs- und Entwicklungswerkzeug für das Führen von virtuellen Teams, wie Sie gleich sehen werden.

## Weniger ist mehr

Sich und anderen Ziele zu setzen und sie per Ziel zu führen, ist nicht neu. Auch das Überprüfen von Zielen in Zyklen ist keine Innovation. Es ist sogar unverzichtbar, wenn Ziele verbindlich sein sollen. Das Innovative an OKR ist jedoch die Kombination aus zwei Fragen, die so simpel sind, dass viele, die sie das erste Mal hören, abwarten, ob da noch etwas kommt.

- Frage Nr. 1: Wo geht es hin (Objectives)?
- Frage Nr. 2: Wie können wir das erreichen (Key Results)?

### Objectives: Wo geht es hin?

Zunächst werden bei der Einführung von OKR die wichtigsten Unternehmensziele definiert. Das sind diejenigen Ziele, die die größte Auswirkung auf den angestrebten Unternehmenserfolg oder die formulierte Strategie haben.

Das »Weniger ist mehr«-Prinzip von OKR setzt sich in der Anzahl der unternehmensweiten Ziele fort. OKR-Experten sind sich zwar über die ideale Zahl der Ziele nicht einig, aber in einem Punkt besteht Konsens: Mehr als fünf sollen es auf keinen Fall sein. Warum, fragen Sie? Überlegen Sie, wie viele attraktive, motivierende Ziele Sie gleichzeitig präsent haben können. Fünf sind schon eine ganze Menge. Drei sind nach unserer Erfahrung bereits eine gute Anzahl.

Im sogenannten Alignment-Prozess wird dann darauf geachtet, dass alle weiteren Ziele auf diese übergeordneten Ziele »einzahlen«, also diesen dienen. Das wird vom Topmanagement bis zur Mitarbeiter-Ebene heruntergebrochen.

### Key Results: Wie können wir die Ziele erreichen?

Die Key Results sind Ereignisse, die eindeutige Voraussetzungen dafür sind, die Ziele zu erreichen. Reduzieren Sie die Key Results wenn möglich auf drei. Drei Objectives mit jeweils drei Key Results können sich die meisten leicht merken. Und genau darum geht es beim wirksamen Alignment. Es soll fest im Kopf verankert sein und nicht in irgendwelchen Ordnern verschimmeln. In unserem Unternehmen digitalsee machen wir OKR allen im Unternehmen mit der folgenden Grafik verständlich.

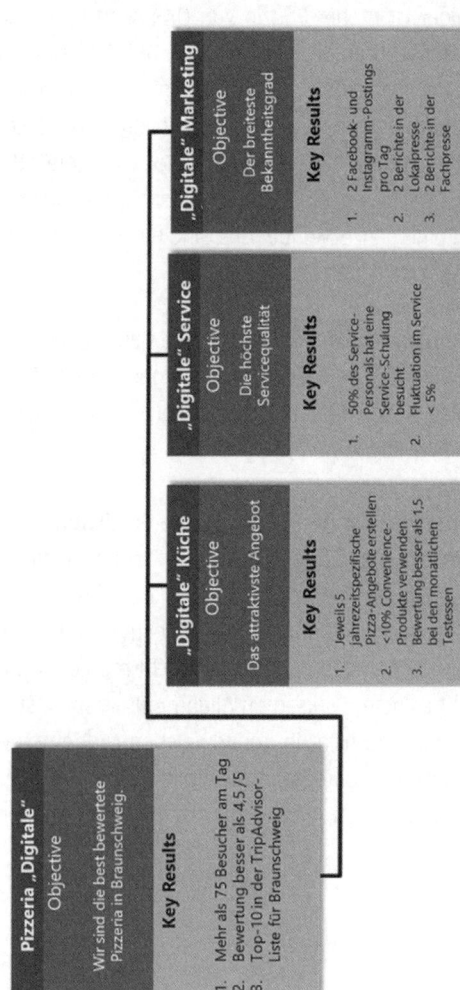

**Pizzeria „Digitale"**

Objective

Wir sind die best bewertete Pizzeria in Braunschweig.

Key Results

1. Mehr als 75 Besucher am Tag
2. Bewertung besser als 4,5 /5
3. Top-10 in der TripAdvisor-Liste für Braunschweig

**„Digitale" Küche**

Objective

Das attraktivste Angebot

Key Results

1. Jeweils 5 jahreszeitspezifische Pizza-Angebote erstellen
2. <10% Convenience-Produkte verwenden
3. Bewertung besser als 1,5 bei den monatlichen Testessen

**„Digitale" Service**

Objective

Die höchste Servicequalität

Key Results

1. 50% des Service-Personals hat eine Service-Schulung besucht
2. Fluktuation im Service < 5%

**„Digitale" Marketing**

Objective

Der breiteste Bekanntheitsgrad

Key Results

1. 2 Facebook- und Instagramm-Postings pro Tag
2. 2 Berichte in der Lokalpresse
3. 2 Berichte in der Fachpresse

## Kurze Zyklen

Während die strategischen Ziele, die Mission und die zukünftige Positionierung des Unternehmens durchaus etwas weiter in der Zukunft liegen dürfen, gilt für die Gültigkeitsdauer von Objectives und Key Results etwas anderes. Drei Monate sind ein guter Zeithorizont, auf den man motiviert zuarbeiten kann.

Dieses Prinzip wird auch in dem Buch »Das 12-Wochen-Jahr« von Brian Moran und Michael Lemmington beschrieben. Statt Jahresziele zu planen, setzt man sich jeweils Ziele für 12 Wochen. So sind die Ziele präsenter und die Konsequenzen des Handelns werden greifbarer und nachvollziehbarer. Das erhöht die Umsetzungsrate und die Erfolgswahrscheinlichkeit deutlich.

Natürlich können Sie die Länge der Zyklen variieren und auf Ihr Geschäft anpassen. In dynamischen Märkten ist eine Jahresplanung nahezu unmöglich, Schwankungen sind dort an der Tagesordnung.

> Das korrespondiert auch mit dem agilen Prinzip, das besagt: Immer das Beste und Meiste herausholen, was möglich ist, und nicht das, was geplant war.

In einem Forstbetrieb macht es keinen Sinn, wöchentliche OKR festzulegen, in einem Unternehmen, das sich mit technischen Entwicklungen beschäftigt, sehr wohl. Welchen Turnus man dort vorsehen könnte, zeigt die folgende Skizze.

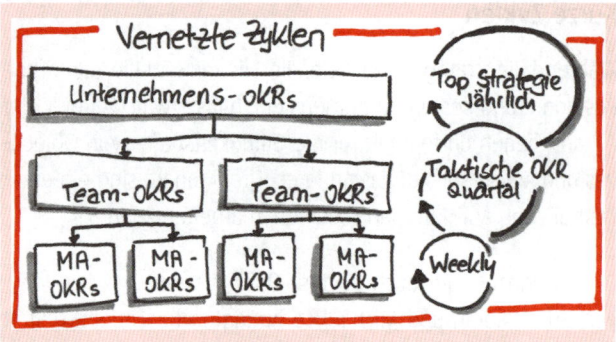

## Eigenverantwortung

Während klassische »Management by Objectives«-Systeme, kurz: MbO, noch stark auf Command und Control ausgerichtet waren, ist die Philosophie bei OKR Eigenverantwortung. MbO-Systeme waren häufig an das Entlohnungssystem gekoppelt. In OKR-orientierten Unternehmen soll der Fokus auf den Unternehmenszielen und deren Auswirkungen auf die Organisation liegen, und nicht auf den finanziellen Auswirkungen für den Einzelnen. OKR setzt auf intrinsische Motivation. Die Freude an der Sache und am gemeinsamen Erfolg soll zu guten Leistungen anspornen. Diese Haltung wird durch OKR gefördert.

## Transparenz

Jeder soll wissen, woran sich die anderen in der Organisation ausrichten. Nicht nur Top-down, nicht nur innerhalb der Abteilungen – alle im Unternehmen sollen wissen, was die OKR für die anderen sind. Dieses Transparenzprinzip verunsichert anfangs viele, vor allem in Organisationen, in denen das alte Zielvereinbarungssystem an individuelle finanzielle Anreize gekoppelt war. Machen Sie daher von Anfang an mit einer offenen und transparenten Kommunikation klar, dass es eine solche Koppelung nicht (mehr) gibt. Boni werden im OKR-System nur aufgrund von Unternehmenskennzahlen ausgeschüttet, die keinen Rückschluss auf Einzel- oder Teamleistungen zulassen.

Auch bei digitalsee kann jede Mitarbeiterin, jeder Mitarbeiter im System die OKR einsehen. Hier ein Blick auf unser OKR-Dashbord:

## OKR dashboard digitalsee

| | 2020 | | Q1 | | Q2 | | Q3 | | Q4 | |
|---|---|---|---|---|---|---|---|---|---|---|
| | S-Ist | Check | S-Ist | Check | S-Ist | Check | S-Ist | Check | S-Ist | Check |
| **1 Steigerung des Umsatzes um N% bei gleichbleibender Rendite** | | | | | | | | | | |
| 1.1 *DBIII>=NN%* | # | 0,0 | # | 0,0 | # | 0,0 | # | 0,0 | # | 0,0 |
| 1.2 *Umsatz >= NN Mio. €* | o | 0,0 | o | 0,0 | o | 0,0 | o | 0,0 | o | 0,0 |
| 1.3 *DB1>= ZZ% in den Consulting-Bereichen* | o | 0,0 | o | 0,0 | o | 0,0 | o | 0,0 | o | 0,0 |
| **2 Compliance sicherstellen** | | | | | | | | | | |
| 2.1 *Auftragsmanagement etabliert und läuft fehlerfrei* | 1 | 1,0 | 1 | 1,0 | 1 | 1,0 | 1 | 1,0 | 1 | 1,0 |
| 2.2 *Onboarding / Offboarding-Prozess etabliert* | 1 | 0,0 | o | 0,0 | o | 0,0 | o | 0,0 | o | 0,0 |
| 2.3 *DSGVO umgesetzt* | 1 | 0,0 | o | 0,0 | 1 | 0,0 | 1 | 0,0 | 1 | 0,0 |
| 2.3 *ISP und BCM etabliert* | 1 | 0,0 | 1 | 1,0 | 1 | 1,0 | 1 | 1,0 | 1 | 1,0 |
| **3 Mitarbeitergewinnung über Netzwerke reaktiviert / Imagemarketing etabliert** | | | | | | | | | | |
| 3.1 *NN Gespräche über Netzwerke pro Quartal* | # 5 | 0,1 | # 5 | 0,5 | # | 0,0 | # | 0,0 | # | 0,0 |
| 3.2 *Imagemarketing Kampagne verabschiedet* | o | | o | | o | | 1 | | 1 | |
| 3.3 | | | | | | | | | | |
| 3.4 | | | | | | | | | | |
| **4 Mitarbeiterentwicklung etablieren** | | | | | | | | | | |
| 4.1 *Entwicklungsplan für jeden Mitarbeiter erstellt* | 0,1 | 1,0 | 0,1 | 1,0 | 1 | 0,0 | 1 | 0,0 | 1 | 0,0 |
| 4.2 *Konzept Schulung und Schulungsbudget entwickelt* | o | 0,0 | o | 0,0 | o | 0,0 | o | 0,0 | o | 0,0 |
| 4.3 *Coaching / Community Konzept (agil) etabliert* | o | 0,0 | o | 0,0 | 1 | 0,0 | o | 0,0 | o | 0,0 |
| 4.4 | | | | | | | | | | |

## Ambitionierte Ziele

Im OKR-System wird der Fortschritt laufend selbstständig von den Teams gemessen. Die im Dashboard oben dargestellten Kreise sind nicht auf die Beurteilung des Managements zurückzuführen, sondern auf die Mitarbeiter selbst.

Ähnlich wie bei den Sprint-Retrospektiven (siehe hierzu das Kapitel »Am besten agil«) wird auch hier der Fortschritt der Key Results in Retrospectives gemessen. Hier orientieren sich viele Unternehmen an der »Google-Skala«. Auf einer Skala von 0 bis 1 wird alles bis 0,3 rot dargestellt = kein Fortschritt. 0,4 bis 0,6 ist gelb und alles ab 0,7 ist grün.

> Werden 100 % der Ziele erreicht, liegt der Fortschritt also bei 1,0? Bei OKR ist das ein Hinweis darauf, dass die Ziele zu niederschwellig angesetzt wurden. Als Richtlinie gilt: 75 % sind okay.

## Fokus bedeutet: Nein sagen

Egal, welches agile Tool Sie auch anwenden – eine Regel wird Ihnen immer wieder begegnen: Konzentrieren Sie sich auf Weniges und setzen Sie das dafür konsequent um. Das gilt auch bei OKR.

Wer nicht Nein sagt, verzettelt sich leicht. Selbst wenn der Product Owner mit noch so vielen unbedingt wichtigen und sofort zu realisierenden User Stories um die Ecke kommt: Sagen Sie Nein, wenn Ihre verfügbaren Kapazitäten an Zeit und Mitarbeiterleistung ausgeschöpft sind. Sonst führt das zu Überlastung und Frustration im Team.

## CFR statt Beurteilungsgespräche

Die meisten an MbO orientierten Systeme bauen auf individuellen Leistungsbeurteilungsgesprächen oder Performance Reviews auf. Solche Gespräche sind für alle Organisationen eine besondere Herausforderung, da der individuelle Bonus am Ergebnis der Beurteilung hängt. Sie finden in der Regel ein- bis zweimal jährlich, nur in wenigen Organisationen viermal pro Jahr statt und nehmen die Führungskräfte zeitlich stark in Anspruch. Bei einem nach Jahresbudget geführten Unternehmen kommt hinzu, dass die Gespräche alle im gleichen Zeitraum liegen, was die Führungsriege zusätzlich unter Stress setzt.

Häufig koppeln die Führungskräfte das Performance-Gespräch mit einem Feedback- und Entwicklungsgespräch, was in schwierigen Verhandlungssituationen mit Mitarbeitern münden kann, die weder den Beteiligten noch dem Unternehmen dienen.

Im OKR-Prozess sind sogenannte CFR vorgesehen. Diese Buchstaben stehen für **C**onversation, **F**eedback und **R**ecognition. In solchen Gesprächen geht es um Dialog und Austausch sowie nachvollziehbare Rückmeldungen verbunden mit einem Ausblick und Anerkennung für erbrachte Leistungen. Sie werden mindestens einmal pro Quartal oder noch besser monatlich geführt. Verglichen mit herkömmlichen Beurteilungsgesprächen sorgen CFR für eine deutlich bessere Transparenz, höheres Vertrauen und eine hochwertigere Abstimmung zwischen Führungskraft und Teammitgliedern.

| Die wesentlichen Unterschiede zwischen CFR und klassischen Mitarbeitergesprächen (MAG) | | |
|---|---|---|
| | **CFR** | **MAG** |
| Ziel | Austausch, Entwicklung und Transparenz | Beurteilung, Basis für Entlohnung, Zielvereinbarung |
| Frequenz | Monatlich bis max. Quartal | Meist nur jährlich, selten halbjährlich |
| Maximaler Inhalt | 3 bis 5 Objectives mit 3 bis 5 Key Results pro Objective | Keine Einschränkungen |
| Wesentliche Bestandteile | • Wechselseitiger Informationsabgleich im Dialog<br>• Entwicklungsorientiertes Feedback<br>• Anerkennung für erbrachte Leistungen | • Rückblick auf Ergebnisse<br>• Feedback zur Performance<br>• Vereinbarung/Information zu den Konsequenzen (Prämie, Bonus)<br>• Zielvereinbarung für Folgeperiode inklusive Konsequenzen<br>• Entwicklungsvereinbarung |
| Anmerkungen | Keine Auswirkung auf oder Verbindung zur Entlohnung | Grundlage für zusätzliche Gehaltsbestandteile (Bonus, Prämie, variable Anteile) |

## Die OKR-Regeln im Überblick

Die folgende Grafik zeigt die OKR-Regeln in unserem Unternehmen digitalsee. In ihnen sind alle Voraussetzungen für ein funktionierendes OKR zusammengefasst.

*OKR-Regeln*

## Unsere Empfehlung für virtuelles Führen: OKR

OKR funktioniert aus folgenden Gründen besser als klassische MbO- Systeme:

- Es ist einfach: Nur wenige Ziele und Key Results, maximal 5 x 5, am besten sind 3 x 3.

- Es ist nicht gekoppelt an variable Entlohnungsanteile wie Prämien oder Bonus.

- Es fördert die Eigenverantwortung der Mitarbeiter und damit inhaltliches Commitment, vor allem weil der begründeten Eigeneinschätzung ein höherer Stellenwert beigemessen wird.

- Es unterstützt Entwicklung und Motivation: Viele kurze, individuell auf den Mitarbeiter zugeschnittene Dialoge statt jährliche unpersönliche Performance-Reviews.

- Es ist besser planbar: Sinnvolle und überschaubare kurze Zyklen statt abstrakte Jahresvorgaben.

- Es schafft Transparenz: Ein offenes Zielsystem, das für jeden einsehbar ist.

Genau diese Vorteile helfen Ihnen dabei, auch bei einem auf Distanz arbeitenden Team das Alignment, die Ausrichtung auf die Ziele, sicherzustellen. Zudem reduziert sich damit der Abstimmungsaufwand enorm.

# Die realen Grenzen virtueller Führung

Mit diesem TaschenGuide haben wir Ihnen hoffentlich zeigen können, dass Führen auf Distanz nicht nur Probleme und Herausforderungen, sondern auch viele Vorteile mit sich bringt. Und doch stößt das Agieren im virtuellen Raum in bestimmten Situationen an Grenzen, wie das folgende Beispiel zeigt.

**BEISPIEL: DIE NEUE KUNDIN**

Bedingt durch die Kontakteinschränkungen, die die Corona-Pandemie mit sich brachte, hatten wir zunächst mit einer neuen Kundin nur virtuellen, aber doch intensiven Kontakt, erst über das Telefon, dann via Videokonferenzen. Als wir sie das erste Mal persönlich trafen, war es dann doch noch einmal ein völlig anderes Erlebnis. Erst im direkten Kontakt konnten wir uns durch die ganzheitliche Wahrnehmung nicht nur ein vollständiges Bild von ihr machen, sondern hatten das Gefühl, sie wesentlich besser in ihren Bedürfnissen und Zielen zu verstehen.

Seit diesem ersten persönlichen Treffen hat sich unsere Kommunikation verbessert, obwohl wir schon zuvor eine vertrauensvolle Zusammenarbeit etablieren konnten.

## Die Macht der persönlichen Präsenz

Virtuell lässt sich die persönliche Präsenz eines Menschen nie hundertprozentig kompensieren. Damit ist nicht nur die im Beispiel dargestellte persönliche Wirkung gemeint. Als Besucher im Reich des anderen erfahren Sie auch sehr viel mehr von der Umgebung, in der dieser sich aufhält. Sie wissen dann genau, wie es vor Ort aussieht, können sich ein umfassendes Bild von der Situation dort machen und damit gleichzeitig wieder besser verstehen, was den Menschen, der dort ist, bewegt. Nuancen und Details wie Temperatur, Geräusche, Hektik, die von anderen übertragen wird, bemerkt man selbst bei einer Videokonferenz nur schwer.

## Technik neutralisiert

Aufgrund der vielen Wahrnehmungsbeschränkungen, die selbst bei Videokonferenzen gegeben sind, kann die virtuelle Begegnung das persönliche Erlebnis nie vollständig ersetzen. Es macht einen Unterschied, ob Sie eine Live-Videoübertragung aus der Karibik auf Ihren Bildschirm holen oder ob Sie selber unter Palmen liegen, den Wind auf Ihrer Haut spüren, das Meer und das Salz riechen und den Sand durch Ihre Finger rieseln lassen.

Viele Zutaten, die ein umfassendes, vor allem emotionales Erlebnis ausmachen, werden durch die technische Übertragung herausgefiltert. Damit ist auch klar, dass das rein virtuelle Führen ungeachtet der Qualität der Medien nie die gleiche Vertrauensbasis und Kontaktdichte herstellen kann wie regelmäßiger persönlicher Kontakt.

## Unerwünschte Nebenwirkungen

Virtuelles Arbeiten und Führen können unerwünschte Neben-
wirkungen haben. Sie stehen zwar dem Führen auf Distanz
nicht entgegen, sollten aber frühzeitig erkannt werden, um
wirksame Gegenmaßnahmen einleiten zu können.

- **Meetingserien:** Ein Online-Meeting nach dem anderen ...
  Weil es keine Wegstrecken mehr zwischen den verschiedenen
  Treffen gibt, werden sie oft eng hintereinander getaktet. So
  kann es passieren, dass Ihnen zwischen den einzelnen Mee-
  tings tatsächlich nicht mal mehr die Zeit für biologisch drin-
  gend nötige Pausen bleibt. Auch wir haben das schon erlebt.
  **Gegenmaßnahmen:** Sorgen Sie dafür, dass die Normzeit für
  Meetings statt 30, 60 oder 90 Minuten nunmehr 25, 50 und 115
  Minuten beträgt. So bleiben jeweils ein paar Minuten für die
  Nachbereitung eines Meetings und sonstige nötige Tätigkeiten.

- **Keine Team-Psychohygiene:** Im virtuellen Raum gibt es
  keinen Kaffeeklatsch. Auch die gelegentlichen Treffen auf
  dem Flur fallen aus. Insbesondere gesellige Menschen leiden
  unter dieser Vereinsamung. Auch das soziale Korrektiv greift
  nicht mehr: »Ich kann tun, was ich will, sieht ja eh keiner ...«
  Wir sehen als Chefs auch nicht (mehr) die kleinen Nuancen
  der Befindlichkeiten bei unseren Mitarbeitern und können
  diese daher nicht ansprechen. Außer wir werden darauf angesprochen. Aber wer sagt schon gerne, dass er persönliche
  Probleme hat und daher abgelenkt ist ...
  **Gegenmaßnahmen:** Schaffen Sie Teamrituale, also immer
  wiederkehrende Abläufe, die irgendwann zur Gewohnheit

werden. Das kann eine Morgenroutine sein, bei welcher Sie
gemeinsam virtuell mit dem Team Kaffee trinken. Rituale
stärken das Wirgefühl und stiften Identität. Organisieren Sie
vor allem zu Beginn einer Zusammenarbeit ungeachtet der
Rahmenbedingungen ein persönliches Treffen mit Ihren neuen
Teammitgliedern. Sorgen Sie dafür, dass vor allem jene, die
eng zusammenarbeiten, die Möglichkeit bekommen, einander
in regelmäßigen Abständen persönlich zu sehen. So stärken
Sie die Basis für eine erfolgreiche virtuelle Zusammenarbeit.
Eine etwas ungewöhnliche, aber sehr gute Gegenmaßnahme
ist der virtuelle Spieleabend. Es gibt bereits eine ganze Reihe
von Online-Teamspielen, die – natürlich auf freiwilliger Basis –
helfen, gemeinsam Spaß zu haben, auch mal über anderes zu
sprechen und so den Zusammenhalt zu stärken.

- **Die unterstützende Wirkung des Rahmens:** Wer an seinem
Arbeitsplatz sitzt, ist automatisch auf Arbeit konditioniert.
Wenn wir unsere gewohnte Arbeitsumgebung betreten, ist
klar: Jetzt ist Arbeit angesagt. Im Homeoffice ist das anders.
Der Arbeitsplatz zu Hause ist voller Assoziationen mit dem
Privatleben. Eben mal schnell das Frühstück und die Spiel-
sachen der Kinder wegräumen und dann ist der Küchentisch
das Büro? Wer in Zeiten der Corona-Pandemie plötzlich im
Homeoffice landete, weiß, dass das nicht ohne eine Menge
Selbstdisziplin funktioniert.

**Gegenmaßnahmen:** Was in unserem Unternehmen geholfen hat, dem gegenzusteuern – allerdings nur zur warmen
Jahreszeit –, war das virtuelle Outdoor-Meeting. Die Aufgabe
war, mit dem Notebook von einem schönen Ort im Freien

aus am Meeting teilzunehmen und mit einem »Rundum-Schwenk« die anderen daran teilhaben zu lassen. So kommt man nicht nur selber mal aus den eigenen vier Wänden heraus, sondern lernt auch neue Plätze kennen.

# Erfolge feiern

Ein gelungenes Projekt gemeinsam feiern, so z.B. mit einem Grillabend, im Restaurant oder in einer Bar oder bei einem Prosecco im Meetingraum ... Klingt gut, doch wie soll das funktionieren, wenn die Teammitglieder über Städte oder gar Kontinente verstreut sind?

## Erfolgsrituale

Rituale schaffen Verbindung und Identifikation mit dem Team. Rituale geben uns Sicherheit und Orientierung in unsicheren Zeiten. Sie lassen sich aber auch nutzen, um Erfolge zu feiern.

### Beispiele für Erfolgsrituale

- Schicken Sie Ihren Mitarbeitern immer dann, wenn Sie gemeinsam ein Ziel erreicht haben, eine virtuelle Karte oder per Post eine Tafel Schokolade. Bitten Sie sie, einen Schnappschuss beim Essen der Schokolade zu machen und diesen beim nächsten Teammeeting zu veröffentlichen.

- Oder Sie installieren ein gemeinsames virtuelles Erfolgsboard, auf dem Sie alle Erfolgsstorys Ihres Teams festhalten und Mitarbeiter sich gegenseitig gratulieren können.

- Lassen Sie kleine Videoclips mit den Erfolgsfaktoren für erreichte Ziele von Ihren Mitarbeitern drehen. Gehen Sie in Vorleistung und starten Sie mit dem ersten Clip. Legen Sie die Filmchen auf einer Kollaborationsplattform ab, sodass jeder darauf gut zugreifen kann.

Fragen Sie doch mal im nächsten Teammeeting, welche Ideen Ihre Mitarbeiter zu neuen Erfolgsritualen haben.

## Auch kleine Erfolge sind eine Feier wert

Der Anlass für eine Feier muss nicht immer ein Projektabschluss sein. Auch erreichte Zwischenziele, so z. B. ein gut verlaufener Test, bieten allen Grund, sich gegenseitig auf die Schulter zu klopfen und die Beiträge der Teammitglieder mit ein paar netten Worten oder einer kleinen Überraschung zu würdigen. Das festigt die Bindung, hebt die Stimmung und erhöht die Motivation weiterzumachen, auch wenn es mal schwer wird.

# Die Technik meistern

Als Remote Leader müssen Sie kein Technik-Freak sein. Es reicht, wenn Sie sich diejenigen Funktionen und Software-lösungen herauspicken, die Sie vorteilhaft im Führen Ihrer Mitarbeiter unterstützen.

In diesem Kapitel erfahren Sie u. a.,

- welche Tools sich dafür anbieten,
- wie Sie Ihre virtuelle Präsenz stärken und unterstreichen,
- wie Sie Ihren Mitarbeitern die Angst vor der Technik nehmen.

# Die richtigen Tools auswählen

In zahlreichen Organisationen gibt die IT-Abteilung vor, mit welchen Tools man im Unternehmen zu arbeiten hat. Das ist auch sinnvoll, denn schließlich muss der Betrieb sichergestellt werden, und das ist unmöglich, wenn in einem größeren Unternehmen jeder mal schnell die App installiert, die er gewohnt ist.

## Bedarfsanalyse

Sorgen Sie aber in jedem Fall dafür, dass Sie bei der Entscheidung über die Auswahl von Tools zumindest gehört werden. Sonst kann es passieren – wie das leider noch immer in vielen Unternehmen der Fall ist –, dass die Entscheidung ausschließlich im Kreis von IT-Experten gefällt wird und Ihre Bedarfe nicht oder zu wenig berücksichtigt werden. Wie fatal das sein kann, zeigt folgendes Beispiel.

**BEISPIEL: DIE FALSCHE IT**

Die IT-Abteilung in einem Unternehmen setzte zur Gewährleistung des Datenschutzes neue sehr restriktive Maßstäbe beim externen Zugriff auf interne EDV-Systeme. Das weit verstreute Vertriebsteam konnte deswegen nicht mehr auf die Systeme zugreifen und war damit nicht mehr arbeitsfähig. Mit erheblichem Abstimmungsaufwand und nach langem Hin und Her wurden für die Vertriebler schließlich Tablets besorgt und außerhalb des Unternehmensnetzes eine taugliche Kommunikationsplattform eingerichtet. Nun können die Vertriebsexperten auch mit ihren Kunden per Teams, Zoom und Webex Beratungsgespräche führen und einzelne Dateien austauschen.

Am besten ist es, User Stories mit Ihrem Team zu entwickeln, in denen Sie kurz beschreiben,

- was Sie tun,

- wie Sie vorgehen,

- worauf es ankommt, damit Sie effektiv arbeiten können.

Dazu reicht eine einfache Tabelle, die Sie mit Ihren Kriterien befüllen. Wir zeigen Ihnen hier ein Beispiel aus einem Beratungsprojekt:

| Entscheidungskriterien Video-konferenz-System | Bewertung |
| | 1 = unwichtig/5 = sehr wichtig/ K = Ko-Kriterium |
| --- | --- |
| Mobil verfügbar | 4 |
| Mehr als 10 Teilnehmer per Video sichtbar | 5 |
| Aufzeichnungsfunktion | 2 |
| Screensharing auch für externe TN möglich | 3 |
| Verknüpfung mit Kalender/Mee-tingorganisation | 5 |
| Unterschiedliche Dokumentations-medien integriert | 2 |
| Whiteboardfunktion vorhanden | 1 |

Mithilfe dieser strukturierten Darstellung gelingt es leichter, Ihre Bedarfe verständlich zu übermitteln.

## Cloud-Lösung?

Die erste Frage, die sich nach wie vor vielen Unternehmen bei der Auswahl der richtigen Software-Lösung stellt, ist: Cloud oder nicht Cloud? Wir haben bei digitalsee einen Schnellcheck entwickelt, den wir unseren Kunden als Orientierung in unseren Workshops anbieten. Damit können diese ein Bewusstsein dafür entwickeln, was möglich ist, und zum anderen leichter zu einer Entscheidung bei dieser Frage gelangen. Mehr Infos via info@digitalsee.de.

## Kommunikations- und Kollaborationstools

Natürlich können wir Ihnen in diesem Kapitel keine Marktübersicht über alle derzeit verfügbaren Tools liefern. Das liegt an mehreren Gründen: Die Empfehlungen würden zu schnell veralten, da sich im Bereich Toolentwicklung eine Menge tut. Zudem gibt es mittlerweile so viele Software-Lösungen, die sich hier nicht alle abbilden lassen. Wir haben uns hier daher auf besonders gebräuchliche Programme beschränkt, von denen wir annehmen, dass es sie in ein paar Jahren auch noch geben wird. Wenn Sie noch mehr Infos wünschen, schreiben Sie uns via info@digitalsee.de. Wir helfen Ihnen gerne weiter.

> Lassen Sie sich bei der Auswahl von Tools nicht alleine von deren Funktionsumfang leiten. Berücksichtigen Sie auch gewohnte Abläufe in Ihrem Team. Solche Gewohnheiten sollten Sie keinesfalls unterschätzen. Widerspricht der vorgegebene Workflow in der Software den Gepflogenheiten im Team, kann das in Akzeptanzproblemen münden. Schlimmstenfalls nutzen dann die Teammitglieder die Software nicht.

## Videokonferenz-Systeme

Videosysteme bieten in der virtuellen Kommunikation die besten Wahrnehmungsmöglichkeiten (siehe hierzu ausführlich Kapitel »Virtuelle Kommunikation in der Mitarbeiterführung«). Bevor Sie sich für eines dieser Systeme entscheiden, überlegen Sie am besten im Team, wie Sie Ihre Kommunikation organisieren wollen, damit Sie Ihre Meetings und sonstigen Treffen möglichst einfach und effizient gestalten.

- Wie viele Personen sind im Team?
- Welche Anforderungen haben Sie an die Videoqualität?
- Wieviel Übertragungsrate verträgt Ihr System?
- Wofür setzen Sie die Kommunikationstools ein?

Ergänzen Sie am besten die oben beschriebene Tabelle um diese Aspekte.

Hier ein kurzer Überblick über die derzeit gängigsten Videosysteme:

- Microsoft Teams ist ein mächtiges Kommunikations- und Kollaborationssystem, das über reines Videoconferencing weit hinausgeht. Teams integriert schon heute Taskmanagement, Filesharing, Streaming, Wikis und vieles mehr. Es bietet derzeit sicher das umfassendste Toolset auf dem Markt.

- Skype ist der Klassiker unter den Videokonferenz-Systemen. Seit 2003 ist es damit möglich, sich gratis per Bild und Ton mit anderen zu unterhalten und auszutauschen. Skype gehört seit dem Jahr 2011 zu Microsoft. Es wird vermutet, dass es zugunsten Teams eingestellt wird. Ein Neustart mit Skype lohnt sich daher aus unserer Sicht nicht mehr.

- Zoom ist der Marktführer bei kleineren US-amerikanischen Unternehmen, die dessen Workflows, die Übertragungsqualität und Einfachheit schätzen. Allerdings genügt Zoom aus Sicht vieler Unternehmen den Anforderungen an Datenschutz und -sicherheit nicht und wird deswegen dort nicht eingesetzt. Ein praktisches Feature von Zoom sind die sogenannten Breakout Rooms – das sind virtuelle Räume, in die man ohne großen Aufwand während eines Meetings mal schnell »abzweigen« kann, was vor allem für die Kleingruppenarbeit in Workshops praktisch ist. Diese Funktion gibt es in Teams zwar auch, aber nur über einen Workaround.

## Kollaborationstools

- OneNote ist Teil des Microsoft Packages. Mithilfe dieses Tools ist es möglich, im Team Notizen zu bearbeiten und zu teilen, Clips zu speichern und Websites zu integrieren. Gemeinsam mit Sharepoint ist es ein beliebtes Standard-Kollaborationstool. Die Handhabung ist vom Workflow den konkurrierenden Spezialisten auf diesem Sektor, wie Slack und eingeschränkt Trello, unterlegen.

- Jira und Confluence von Atlassian sind mächtige und weit verbreitete Toolwelten, die vor allem im IT-Projektmanagement eingesetzt werden. Jira arbeitet mit Tickets, die in Workflows eingebettet sind. Es unterstützt daher standardisierte Abläufe besser als Confluence. Mit Confluence wiederum lassen sich sehr schnell Aufgaben erstellen und praktisch tracken.

- Asana ist eine Projektmanagement-Software. Der Unterschied zu Konkurrenzlösungen besteht in der Lizenzpolitik. Als Software as a Service zahlen Sie nur für die Nutzung; die Software selbst wird vom Anbieter aktualisiert und liegt auf deren Servern. Zusätzlich kann Asana – ähnlich wie Trello, aber inzwischen auch Teams – mit vielen anderen Tools wie Slack, Dropbox, Salesforce etc. integriert werden.

## Nicht unterschätzen: Einarbeitungsaufwand und Unsicherheit

Die Einführung neuer Tools, sei es nun auf Ihre Initiative oder auf Verordnung seitens des Unternehmens, bringt immer Unruhe ins Team. Denn jede neue Anwendung birgt zwei Widerstandsquellen in sich: Unsicherheit und Einarbeitungsaufwand. Planen Sie bei der Einführung neuer Tools deshalb unbedingt Unterstützung für Ihr Team ein, um möglichst bald effizient mit den neuen Werkzeugen und Methoden arbeiten zu können.

## Die Führungskraft als Vorbild

Als Führungskraft eines virtuellen Teams gibt es zwei Aufgaben, die Sie nicht delegieren können:

- das Führen des Teams und
- die Handhabung der Tools.

Stellen Sie sicher, dass Sie die Anwendung meisterlich beherrschen. Wenn von Ihnen am Anfang eines Teammeetings erst einmal die Frage kommt: »Wie schalte ich jetzt mein Videobild ein ...?«, ist das kein souveräner Start ins virtuelle Führen.

Arbeiten Sie sich so schnell wie möglich in die nötigen Anwendungen ein und sorgen Sie dafür, dass Sie rasch routiniert damit umgehen können. Der wichtigste Motor für schnelle Gewöhnung an neues Arbeiten sind Sie als Chef.

## Ihre virtuelle Präsenz

Machen Sie sich eines klar: Sie wirken, egal ob Sie es wollen oder nicht. Das gilt auch für den virtuellen Raum. Ihre Mitarbeiter nehmen Sie dort wahr, allerdings nur eingeschränkt. Bei Online-Meetings erscheinen Sie als »bewegte Briefmarke«, weil man in der Videokonferenz bestenfalls nur Ihren Kopf mit angeschnittenem Oberkörper sieht. Es ist wie beim Close-up in einem Film, wenn die Kamera nah an den Schauspieler heranzoomt: Der Fokus des Betrachters richtet sich auf dessen Aussehen und den Ausdruck seines Gesichts. Und natürlich auch auf die Stimme.

Doch haben Sie sich schon einmal darüber Gedanken gemacht, wie Sie als Remote Leader von Ihren Mitarbeitern wahrgenommen werden wollen? Wie Sie wirken wollen? Was sollen Ihre Leute über Sie sagen, wenn Sie – wie meist beim Führen auf Distanz – nicht im Raum sind?

Je stringenter und klarer Sie online auftreten, desto besser ist das für Ihre virtuelle Präsenz und diese wiederum zahlt auf Ihren Erfolg als Führungskraft ein. Es ist ähnlich wie bei einer Marke: Diese hat Strahlkraft und sie hat Wiedererkennungswert. Was spricht also dagegen, ganz gezielt an Ihrer Personenmarke zu arbeiten?

## Was macht Ihre »Ich-Marke« aus?

Nicht nur Porsche, Apple und Tempo sind Marken, auch Menschen können es werden. Nehmen wir Steve Jobs: Mit seinen Visionen und inspirierenden Impulsen hat er es geschafft, sich zu einer Personenmarke zu entwickeln.

Menschen lassen sich immer noch am besten von Menschen überzeugen, die sie mögen und schätzen und denen sie vertrauen. Eine gute Marke schafft dieses Vertrauen. Sie spricht Kopf und Herz gleichermaßen an. Deswegen geht es bei der Entwicklung Ihrer Ich-Marke auch darum, sich als Person mit Ihrem Leidenschaftsthema tatkräftig und überzeugend zu positionieren. Charisma kommt von alleine, wenn Sie Ihr Leidenschaftsthema leben. Ihre Bühne ist der virtuelle Raum. Hier gilt es mit Ihrem Leidenschaftsthema zu überzeugen, z. B. mit einer kurzen Inspiration für Ihre Mitarbeiter zur neuen Produktausrichtung.

## Blick nach innen, anstatt zu vergleichen

Bei der Gestaltung Ihrer persönlichen Marke ist es Ihre Aufgabe, nach innen zu blicken und sich auf die Suche nach Ihren eigenen Schätzen zu begeben. Die Markenbildung findet auf drei Ebenen statt:

- **Normative Ebene – Ihre Identität:** Hier geht es um Ihre Werte, Kompetenzen und persönlichen Visionen. Wofür stehen Sie? Welche fünf Werte sind Ihnen wichtig als Leader? Was wollen Sie als Führungskraft erreichen? Wofür sind Sie angetreten? Haben Sie etwas, was Sie von anderen abhebt?

- **Strategische Ebene – Aufbau und Konzept Ihres Images:** Welche Ziele haben Sie? Was wollen Sie als Leader erreichen? Welche Netzwerke wollen Sie pflegen? Welche persönlichen Botschaften und Geschichten wollen Sie anderen mitgeben? Wie wollen Sie, insbesondere virtuell, Beziehungen gestalten? Welche Strategie unterstützt Sie bei Ihren Zielen?

- **Die operative Ebene – Umsetzung und Platzierung von konkreten Aktionen:** Wie wollen Sie auftreten, was macht Ihren ganz speziellen, auch virtuellen Auftritt aus? Wie präsentieren Sie sich? Beherrschen Sie Storytelling, um Ihre Zuhörer zu fesseln? Mit welchen Mitteln verschaffen Sie sich Präsenz im Unternehmen und auch außerhalb? Machen Sie etwas anders als die anderen? Welche Erfolgsstorys können Sie erzählen?

## Erfolgsstorys kreieren mit der STAR-Formel

Storytelling ist ideal für die Markenbildung, vor allem wenn Sie von Erfolgen erzählen können. Welche Projekte haben Sie gut abgeschlossen? Was ist Ihnen geglückt? Berichten Sie regelmäßig über Ihre Erfolge, so vor allem gegenüber Ihrem Vorgesetzten. Mit der STAR-Formel gelingt es Ihnen, die Geschichten für andere besonders interessant zu machen. Sie können dieses Tool auch im Team einführen. Denn auch Ihre Mitarbeiter wissen sicherlich Erfolgsstorys zu berichten. Mit STAR macht das noch mehr Spaß. STAR ist ein Akronym, dessen Buchstaben für Folgendes stehen.

| Die STAR-Formel | | |
| --- | --- | --- |
| S | SITUATION | Welche Situation lag vor? Welches Problem galt es zu lösen? |
| T | TASK | Vor welcher Herausforderung standen Sie? Welche Aufgaben hatten Sie zu erledigen? |
| A | ACTION | Wie sind Sie genau vorgegangen? Welche Schritte sind Sie gegangen? Welchen Aktionsplan haben Sie angewendet? |
| R | RESULT | Welche Resultate haben Sie erzielt? Welchen Mehrwert haben Sie geliefert? Was war das Ergebnis? |

## Präsenz zeigen

Die operative Ebene ist entscheidend, wenn Sie virtuell Ihre Ich-Marke ausbauen wollen. Daher widmen wir ihr uns hier ein wenig ausführlicher.

## Visuelles: Was andere sehen

- **Auf Augenhöhe:** Wahrscheinlich sitzen Sie bei Meetings vor Ihrem Computer am Schreibtisch. Wenn Sie z.B. mit einem Laptop arbeiten, gucken Sie automatisch nach unten. Die Kamera sollte jedoch immer auf Augenhöhe sein. Das wirkt nicht nur positiv. Es spiegelt auch Ihre Haltung als Führungskraft: Sie wollen auf Augenhöhe mit Ihren Mitarbeitern sein.

- **Zu den Menschen sprechen, nicht zur Kamera:** Nehmen Sie ein Post-it zur Hand. Knipsen Sie ein Loch mit dem Locher hinein. Malen Sie neben die Ausstanzung einen Smiley. Kleben Sie das Zettelchen so auf die Kamera, dass das Loch genau über der Linse ist. Der Smiley steht für Ihre Zuschauer. Er erinnert Sie daran, dass Sie zu Menschen reden und nicht zu einer Kamera. Sein lachendes Gesicht animiert Sie dazu, freundlich zu sein. Sie erreichen damit, dass die Zuschauer sich wirklich angesprochen fühlen und Sie diese mit Ihrer Präsenz in Ihren Bann ziehen können.

- **Äußerlichkeiten:** Kleider machen Leute. Dieses alte Sprichwort trifft nach wie vor zu. Leider sehen wir bei Online-Meetings oft Moderatoren und Teilnehmer, die, um es vorsichtig auszudrücken, eher wenig auf sich achten. Nach einer Untersuchung sitzen circa 11 % der Teilnehmer an Online-Meetings ohne Hose oder Rock am Schreibtisch im Homeoffice. Das mag sich bequem anfühlen, ist jedoch nicht zu empfehlen, denn das, was wir tragen, wirkt sich auch auf unsere innere Haltung aus. Inneres und Äußeres stehen in einer Wechselwirkung zueinander. Sie beeinflussen sich gegenseitig. Das bedeutet nicht, dass Sie nun jedes Mal vor einem Meeting zum Frisör müssen. Es schadet aber nicht, wenn Sie auch bei Videokonferenzen im Homeoffice eine aufrechte, energiegeladene Haltung einnehmen und die richtige Kleidung dafür auswählen. All das kann sich positiv auf Ihre Überzeugungskraft und Autorität auswirken. Denn der Eindruck, den Sie mit Ihrem Äußeren hinterlassen, bleibt hängen.

> Kleingemusterte Stoffe mögen in der Realität cool wirken, im virtuellen Meeting flimmern sie leider unangenehm auf dem Bildschirm. Auch bei reflektierendem Schmuck sollten Sie vorsichtig sein.

- **Hintergrundgestaltung:** Die Kamera zeigt nicht nur Sie, sondern auch einen Teil des Zimmers, in dem Sie sitzen. Checken Sie vorab, was dort alles zu sehen ist. Unaufgeräumte Regale passen genauso wenig zu Ihrer Rolle als Führungskraft wie Kinderspielzeug. Auch hier können Sie eine »Markenspur« hinterlassen: Welcher Hintergrund passt für Sie hervorragend? Sind Sie begeisterter Leser und sollten Sie daher vor einem Bücherregal sitzen? Vielleicht können Sie auch ein paar Produkte platzieren, die Sie und Ihr Team bereits erfolgreich entwickelt haben. Bei vielen Online-Meeting-Anbietern können Sie statt des realen Hintergrundes auch ein individuelles Foto einblenden.

- **Licht:** Vermeiden Sie grelles Gegenlicht. Es blendet die anderen Teilnehmenden. Den gleichen Effekt haben reflektierende Gegenstände, die Sie deswegen vorab aus dem Bild nehmen sollten. Am besten Sie nutzen eine spezifische

Online-Meeting-Leuchte, damit Ihr Gesicht optimal ausge-
leuchtet ist. Denn Sie wollen doch sicherlich, dass Ihre Mitarbeiter Sie gerne ansehen.

- **Gestik, Haltung, Blickkontakt:** Gesten der Verlegenheit und
  Unsicherheit, wie z. B. das Nesteln an Haaren, nehmen auf-
  merksame Zuschauer schnell wahr. Sitzen Sie aufrecht, um
  Souveränität auszustrahlen. Ihr Blickkontakt wirkt wie ein Ver-
  stärker. Schauen Sie also überwiegend in die Kamera. Spielen
  Sie mit Ihrem Auftreten. Probieren Sie aus, wie Haltungen
  und Gesten wirken. Nutzen Sie den kleinen Bewegungsspiel-
  raum, die die Kameraperspektive Ihnen eröffnet und sehen
  Sie Ihre virtuelle Präsenz auch ein wenig als Spiel an.

- **Präsentationen:** Nicht jeder Teilnehmende wird über die
  gleiche Bildschirmgröße und -auflösung verfügen. Verwenden Sie daher große Schriftarten und platzieren Sie möglichst
  wenig Text auf den Folien. Weniger ist mehr. Beschränken
  Sie sich daher auf wenige Folien mit wirklich notwendigen
  Informationen. Es geht nicht darum, »betreutes Lesen« zu be-
  treiben, sondern mit den Präsentationsinhalten das Gesprochene zu untermalen.

### BEISPIEL: BLEIWÜSTEN

In einer Präsentation ging es darum, juristische Themen zu präsentieren.
Die Folien waren vollgeschrieben und der Text wurde abgelesen. Die Folge:
Die anderen Meetingteilnehmer schliefen nahezu ein.

Testen Sie Ihre Präsentation unter verschiedenen Lichteinflüs-
sen. Kann man alles gut lesen, auch wenn die Sonne scheint?

Viele Programme bieten die Option, den eigenen Bildschirm mit anderen zu teilen. Wenn Sie das planen, sollten Sie vorab alle Programme und Dateien schließen, die nicht für die Teilnehmenden bestimmt sind.

## Audio – was andere hören

- Auch Ihre Stimme zählt: Mit der Lautstärke, der Stimmhöhe und auch der Geschwindigkeit, in der Sie sprechen, hinterlassen Sie eine Wirkung bei Ihren Mitarbeitern. Setzen Sie Ihre Stimme ganz bewusst ein und machen Sie Pausen beim Sprechen. Testen Sie, wie Ihre Stimme bei Online-Meetings rüberkommt und gönnen Sie sich gegebenenfalls ein gutes Mikro.

- Insbesondere bei Telefonmeetings, in denen die Wahrnehmung auf die Stimme beschränkt ist, versuchen die Teilnehmer in der Regel aus Lautstärke, Tonalität, Stimmlage, Modulation und der Sprechgeschwindigkeit herauszuhören, wie das Befinden und die Stimmung des anderen gerade so sind. Dabei werden sogar die Atmung und auch Pausen viel stärker wahrgenommen und interpretiert. Bei Online-Meetings ist es ähnlich. Daher macht es Sinn, die Wahrnehmung, auch die auditive, zu trainieren, um Zwischentöne bei anderen zu hören und richtig einschätzen zu können. Doch die beste Vorgehensweise bei Unsicherheit ist, den anderen einfach zu fragen. Das schützt vor Missinterpretationen.

- Wichtig ist natürlich nicht nur, wie Sie etwas sagen, sondern auch, was Sie sagen. Achten Sie auf eine klare Sprache. Vermeiden Sie Füllwörter wie »eigentlich« und »vielleicht«. Auch der Konjunktiv kann kontraproduktiv wirken: »Man könnte ja«, »Wäre es nicht …?«.

## Ratio – der Kopf muss mit

Als Führungskraft hinterlassen Sie einen bleibenden positiven Eindruck bei Ihren Mitarbeitern, wenn Sie deren Ratio möglichst gut ansprechen. Das gelingt, wenn Sie fokussiert und aufmerksam sind und die Ziele und Aufgaben klar und souverän kommunizieren.

Klares Erwartungsmanagement bringt gute Lösungen und beschert Ihnen zufriedene Mitarbeiter. Beantworten Sie dazu auch im Online-Meeting immer erst die Frage nach dem Warum: »Warum tun wir das?« Klären Sie dann erst das Wie.

Eindeutige Regeln zur Kommunikation sind wichtig, damit Ihre Leute verstehen, welche Informationen über welche Medien vermittelt werden sollen. Beziehen Sie bei der Aufstellung dieser Kodizes auch Ihr Team mit ein, benennen Sie jedoch auch Ihre Favoriten und positionieren Sie sich damit.

## Emotio – Gefühle sind ausdrücklich erwünscht

Begeisterung steckt an: Zeigen Sie, für welches Thema, für welches Ziel Sie brennen.

Ermutigen Sie Ihre Mitarbeiter, ihre Gefühle zu zeigen und bieten Sie dabei Ihre Unterstützung an. Geben Sie Ihnen emotionale Sicherheit, gerade in sich ständig wandelnden Zeiten. Gehen Sie mit den Emotionen Ihrer Mitarbeiter situationsgerecht um. Sehen Sie sich dabei in der Rolle als Coach. Entsprechende Gespräche funktionieren auch online sehr gut.

Inspiration läuft über Emotion. Nutzen Sie Storytelling, um Ihr Team auf den Weg zu Ihrem Ziel mitzunehmen und in Ihren Bann zu ziehen. »Kindern erzählt man Geschichten zum Einschlafen, Erwachsenen, damit sie aufwachen«, hat der Psychotherapeut und Erfolgsautor Jorge Bucay einst wunderbar formuliert. Rütteln Sie die Emotionen Ihrer Mitarbeiter wach – mit guten Geschichten. Mehr zum Storytelling finden Sie in unserem TaschenGuide »So geht Agilität«.

**Reflexion: Ihre Ich-Marke**

Welches Image wollen Sie aufbauen? Wie wollen Sie Ihre virtuelle Marke gestalten? Welche Werte wollen Sie besonders transportieren? Wie gelingt Ihnen das am besten im virtuellen Kontext? Erstellen Sie für sich eine Top-10-Liste mit To-dos zum Markenaufbau und legen Sie ein Zeitfenster für die Umsetzung fest.

# Komm auf den Punkt! Klarheit schaffen

Reden wir nicht um den heißen Brei herum: Wenn die Anzahl der »Äh«, »Ehm« und »Öh« die der Worte mit Sinn übersteigt, wird es bereits in Präsenzmeetings mühsam. Wie lange dauert es bei Ihnen in einer Video- oder Telefonkonferenz, bis Sie entweder ungeduldig werden, oder Ihre Aufmerksamkeit verlieren, wenn der Sprechende einfach nicht zum Punkt kommen will? Vermutlich nicht lange. Damit sind Sie kein Einzelfall. Tatsächlich reduzieren sich die Geduld und die Bereitschaft zuzuhören mit zunehmendem Grad der Distanz sowie ansteigender Anzahl der Teilnehmer.

Daraus folgt: Die Ansprüche an die rhetorischen Qualitäten eines Remote Leaders sind beim Führen auf Distanz noch höher als beim Führen vor Ort. Sie sind nicht sicher, ob Sie diesen Ansprüchen genügen? Keine Angst, Rhetorik und Gesprächsführung lassen sich trainieren wie ein Muskel. Als Professional Keynote Speaker haben wir in unseren Public Speaking Coachings und Trainings schon vielen dabei geholfen, ihre virtuelle Führungseffizienz deutlich zu steigern.

## Begeistern mit dem Golden Circle

Der Golden Circle wurde vom Unternehmensberater Simon Sinek vor rund zehn Jahren entwickelt. Sein Credo: Start with WHY! Bevor man sich mit dem Was und dem Wie beschäftigt, sollte man also immer erst klären, wozu man etwas macht. Dieses Prinzip lässt sich auch hervorragend anwenden, wenn es darum geht, andere mit den eigenen Worten zu begeistern und mitzureißen.

Gliedern Sie Ihre Botschaften in die folgenden drei Stufen.

- Das WAS hilft uns dabei, uns zu orientieren, worum es geht. Es muss relevant sein, verständlich und – natürlich – wahr.

- Das WIE hilft uns zu verstehen, wie Dinge zusammenhängen, wie Prozesse ablaufen und welche Qualität von uns gefordert ist.

- Das WOZU motiviert uns zur Handlung, denn schließlich machen wir meist etwas, um daraus einen Nutzen zu ziehen.

Nahezu jede Botschaft lässt sich in diese Struktur kleiden. Hier ein Beispiel für das Delegieren von Aufgaben.

- WAS: Schreibe ein Memo über unser Meeting.
- WIE: Strukturiere es so, dass die wichtigen Punkte hervorstechen, und gliedere es in Abschnitte mit nummerierten Listen.
- WOZU: Damit auch die, die nicht im Meeting dabei waren, sich auskennen und wissen, was sie zu tun haben.

Diese Struktur eignet sich vor allem für Schlüsselbotschaften, also wichtige Informationen für Ihr Team, Ihre Kollegen oder für andere, deren Unterstützung Sie für Ihre Anliegen gewinnen wollen. Formulieren Sie die Botschaft vor, damit Sie die Aussage im richtigen Moment parat haben.

## Das 5-Stufen-Modell für schlüssige Argumentationen

Um komplexere Informationen klar und verständlich zu vermitteln, hilft die folgende etwas ausführlichere Struktur. Sie benötigt etwas mehr Vorbereitungszeit, kann aber ein umfassenderes Bild zeichnen als die Golden-Circle-Struktur.

In der folgenden Tabelle finden Sie in der linken Spalte die beschriebenen Stufen und auf der rechten Seite Formulierungsbeispiele dazu.

| Das 5-Stufen-Modell | |
|---|---|
| **1. Die Situation:** Diese Stufe hilft Ihren Zuhörern dabei, sich zu orientieren, worum es grundsätzlich geht.<br>Beschreiben Sie in kurzen Worten die relevanten Fakten der Ausgangssituation. Die folgenden Fragen helfen Ihnen dabei:<br>▪ Wann fand/findet es statt?<br>▪ Was geschah/geschieht?<br>▪ Wer war/ist beteiligt?<br>**Wichtig:** Beschreiben Sie hier nur, bewerten Sie nicht. Worte wie z. B. »schlechter«, »besser« gehören in die nächsten Stufen. | »Im letzten Quartal sind unsere Absatzzahlen um 10 % zurückgegangen. Auch im Forecast für das nächste Quartal zeichnet sich diese Tendenz ab.« |

## Das 5-Stufen-Modell

**2. Das Problem:** Machen Sie klar, welche Gefahr, welches Problem oder welche unerwünschte Konsequenz durch die beschriebene Situation – möglicherweise – entstehen wird. Meist braucht es ja eine Änderung des derzeitigen Vorgehens, was sich mit der Schärfung des »Sense of Urgency« besser einleiten lässt.

»Das kann bedeuten, dass wir das Jahresziel nicht erreichen und weitere schmerzliche Einsparungen vorsehen müssen. Auch auf die Bonuszahlungen wird es negative Auswirkungen haben.«

**3. Das Ziel:** Hier wird das für diese Situation und das Problem relevante Ziel dargestellt.

»Unser Ziel ist es, die geplanten Mengen für das Quartal 3 zu erreichen und im Quartal 4 die aufgelaufenen Verluste wieder ausgeglichen zu haben.«

**4. Der Mehrwert:** In dieser Stufe sollten Sie den Gewinn, den Vorteil herausarbeiten, um das Ziel attraktiv zu machen.

»... damit wir das Geschäft absichern und neue Entwicklungen vorantreiben können. Wenn wir das erreichen, können wir zu Recht stolz sein.«

**5. Call to Action:** Hier appellieren Sie an Ihre Zuhörer, ins Handeln zu kommen. Dieser Appell kommt immer am Schluss, denn das Wichtigste gehört ans Ende.

»Daher entwickelt jeder aus dem Team bis morgen 10 Uhr Ideen, wie wir neue Kunden generieren und bei bestehenden Kunden das Geschäft ausweiten können. Ich freue mich auf den Termin!«

## Auf den Punkt kommen im Teammeeting

Das 5-Stufen-Modell eignet sich nicht nur für den Aufbau schlüssiger und starker Argumente, sondern hilft auch bei der Strukturierung komplexer Meetings. So stellen Sie sicher, dass mithilfe einer logischen und professionellen Struktur alle im Meeting »auf den Punkt kommen«.

Bereiten Sie dazu eine Tabelle wie die folgende vor. Links stehen die Diskussionsthemen. Formulieren Sie diese am besten in Frageform.

| Strukturierung von Meetings mithilfe des 5-Stufen-Modells | |
|---|---|
| 1. Was sind die relevanten und wesentlichen Fakten für unsere Ausgangssituation? | |
| 2. Welche Probleme, Risiken, Bedrohungen entstehen daraus? | |
| 3. Was ist in Bezug auf die Probleme unser Ziel? | |
| 4. Welchen Mehrwert für das Unternehmen, das Team und jeden von uns können wir daraus ziehen, wenn wir das Ziel erreichen? | |
| 5. Was sind daher die nächsten Schritte? Wer macht was bis wann? | |

Zeigen Sie via Screensharing die jeweilige Arbeitsfrage und notieren Sie die wesentlichen Inhalte, die von den anderen Teilnehmern der Videokonferenz kommen.

# Der Bühneneffekt

Stellen Sie sich vor, Sie stehen auf einer Bühne. 1.000 Augenpaare, schauen erwartungsvoll zu Ihnen. Ihr Publikum wartet gespannt, was nun kommt. Ihre Hand klammert sich ans Mikrofon. Alle Scheinwerfer sind auf Sie gerichtet. Jetzt starten Sie Ihre Ansprache ... In diesem Augenblick entscheidet sich, ob Sie souverän, klar, glaubwürdig und überzeugend wirken oder zaghaft und unsicher rüberkommen.

Es ist übrigens egal, ob Ihre Mitarbeiter an ihrem Arbeitsplatz hinter dem Bildschirm sitzen oder tatsächlich in einem Saal vor Ihnen – der Effekt ist der gleiche: Sie wirken, und zwar so, wie Sie das, was Sie zu sagen haben, präsentieren. Dabei kommt es viel mehr auf das WIE, anstatt auf das WAS an.

## Lärm oder Musik?

Beim virtuellen Führen verstärkt sich dieser Bühneneffekt durch die eingesetzten Tools. Das, was uns stört, nehmen wir online noch lauter oder deutlicher wahr. Aber auch solche Signale, die wir als positiv empfinden, intensivieren sich im virtuellen Raum. Das geschieht aus zwei Gründen:

▪ aufgrund der eingeschränkten Wahrnehmungsmöglichkeiten registrieren wir das, was wir wahrnehmen können, stärker,

▪ die Aufmerksamkeit der Zusehenden bzw. Zuhörenden wird ganz gezielt mittels der Medienkanäle gelenkt.

Hinzukommt: Wer am Bildschirm sitzt und zuhört, ist tendenziell ungeduldiger, leichter ablenkbar und kritischer. Obendrein ist die Aufmerksamkeitsspanne online kürzer als offline.

Hier eine kleine Übersicht, was die meisten Menschen im virtuellen Raum als störend und was sie als positiv empfinden.

| Störgeräusche | Positive Signale |
| --- | --- |
| Füllwörter, wie z.B. Äh, Öh, Hm. | Pausen |
| Konjunktive und Relativierungen wie z.B. könnte, sollte, vielleicht, ein bisschen. | Klare Aussagen, wie z.B.: »Wir machen ... bis ...« |
| Widersprüchliches | Logische Struktur |
| Verstricken im Detail | Kurze, knackige Zusammenfassungen und Sätze |
| Nur Probleme wälzen | Vorgehen nach dem 5-Stufen-Modell (siehe das Kapitel zuvor): Situation, Problem, Ziel, Nutzen, Aktion |

Was ist die Konsequenz? Die Korrekturmöglichkeiten bei virtueller Führung sind stärker eingeschränkt als bei direkter Führung. Machen Sie sich daher vorab bewusst, was Sie konkret übermitteln wollen. Proben Sie Ihre Kernbotschaften entweder vor dem Spiegel, oder noch besser: Nehmen Sie diese vorab mit Ihrem Videokonferenztool auf und prüfen Sie, ob Sie auch wirklich das vermitteln, was Sie vermitteln wollen. Die meisten Apps ermöglichen solche Checks auch ohne Zusehende. So können Sie den Bühneneffekt positiv nutzen und Ihre Botschaften entsprechend verstärken.

## Die Angst vor dem Neuem

Eines ist klar: Virtuelle Kommunikation und Zusammenarbeit funktionieren nur, wenn alle daran teilhaben. Doch was tun, wenn Sie Widerstand bei Ihren Mitarbeitern spüren? Vor allem im Change ist Widerstand an der Tagesordnung. Da wir uns in der sich rasch ändernden Business-Welt in permanenten Change-Prozessen befinden, ist auch Widerstand ein ständiger Begleiter im Alltag einer Führungskraft und ihrer Teams.

Tools ändern sich ständig. Die Geschwindigkeit von neuen Entwicklungen nimmt zu. Weniger Mitarbeiter übernehmen ein Mehr an Aufgaben. Wir müssen uns stets auf Neues einstellen. Doch die meisten Menschen lieben ihre Gewohnheiten. Permanente Veränderungen lehnen sie ab. Und niemand schätzt es, wenn plötzlich von heute auf morgen alles anders ist. Das wissen wir nur allzu gut seit der Corona-Krise, in der es von jetzt auf gleich hieß: Ab sofort Homeoffice für alle.

In solchen Situationen ist er ebenso plötzlich da: der Widerstand. Ganz pragmatisch gesehen ist Widerstand ein Signal, das uns zeigt, wo die Energie blockiert ist bzw. wo diese freigesetzt werden kann. Im Grunde genommen ist nicht der Widerstand an sich gefährlich, sondern die Ungeduld von Führungskräften im Umgang mit Widerstand. Denn es braucht Zeit, Neues zu lernen, so z. B. die digitale Transformation, neue Arbeitsformen und virtuelle Kollaboration umzusetzen und die damit verbundenen Emotionen zu verarbeiten.

Eine Haltung, die hier nach unserer Auffassung sehr hilfreich ist, ist folgende: Es gibt keinen Widerstand ohne Grund. Dieses Mindset entlastet das Verhältnis zwischen Mitarbeiter und Führungskraft. Widerstand darf sein. Es gilt, ihn zunächst zu respektieren, um ihm in einem zweiten Schritt auf den Grund gehen zu können. Mit dieser Haltung gehen Sie als Führungskraft schon den ersten Schritt auf dem Weg zur Bewältigung des Widerstandes.

Eines ist noch wichtig zu wissen: Widerstand ist nicht gleich Widerstand. Es gibt viele Erklärungsmodelle, die sich mit den verschiedenen Arten von Widerstand beschäftigen. Wir stellen Ihnen hier ein besonders eingängiges Modell vor, das von dem US-amerikanischen Change-Berater und Autor Rick Maurer inspiriert ist und sehr gut in der Praxis angewendet werden kann.

## Die drei Formen des Widerstands

Dieses Modell geht von drei Formen des Widerstands aus:

1. Ich kann nicht.
2. Ich will nicht.
3. Ich will dich nicht.

### Nr. 1: Ich kann nicht

Diese Form des Widerstands fußt auf Ängsten, ob das Neue gelingen wird, ob die notwendigen Kompetenzen da sind. Widerstand dieser Art kommt oft vor, denn solche Unsicherheiten und Zweifel sind ganz normal. Oft fehlt noch etwas zum Verständnis: Klarheit, Informationen oder auch Training.

Wenn es Menschen an Verständnis für Motive und Ziele mangelt, empfiehlt es sich, mit ihnen in den Dialog zu gehen und noch mehr zu erklären. Bei dieser Form des Widerstands gilt es Kompetenzen aufzubauen, zu trainieren, Fragen zu beantworten, Klarheit zu schaffen, Mut zum Handeln zu verbreiten.

**BEISPIEL: ICH KANN NICHT**

Ein Mitarbeiter weigert sich, die vereinbarten Kollaborationsplattformen zu nutzen: »Das funktioniert doch alles nicht.« Hinter diesem Widerstand kann sich Angst des Mitarbeiters verbergen – die Angst davor, dass er die Technik nicht richtig nutzen kann. Vielleicht versteht er sie nicht und benötigt mehr Zeit zum Erlernen, zum Verstehen und mehr Ermunterung vom Chef.

### Nr. 2: Ich will nicht

Diese Form des Widerstands ist schon etwas emotionaler und stärker als die erste Form. Vielleicht kennen Sie das Buch »Der Vorleser« von Bernhard Schlink. Die weibliche Protagonistin, Hanna Schmitz, geht lieber ins Gefängnis, als zuzugeben, dass sie nicht lesen kann. Aus dem »Ich kann nicht« wird ganz schnell ein »Ich will nicht«.

Hier geht es darum, mit der Haltung »Widerstand hat einen Grund« die Ursache für das »Ich will nicht« zu verstehen, um entsprechend zu handeln. Wenn Menschen nicht glauben oder glauben wollen, was man ihnen sagt, ist es wichtig, die Motive dafür, den Hintergrund herauszufinden und den Widerstand abzubauen. Wir sind Weltmeister in der Abwehr von allem, was nicht in unser Weltbild passt. Wenn Menschen zwar die Entwicklung verstehen, aber Angst davor haben, was auf sie zukommt, empfiehlt es sich, in den Dialog zu gehen und Lösungswege aufzuzeigen. Welche Angst bzw. welche Emotionen stecken hinter dem »Ich will nicht«? Diese Angst gilt es zu überwinden und in Energie zu verwandeln.

**BEISPIEL: ICH WILL NICHT**

Eine Führungskraft vertritt hartnäckig die Auffassung, die Videokamera sollte aus sein in ihren Online-Meetings. Die Zuschaltung der Kamera wäre technisch problemlos möglich, auch der Sinn und Zweck dahinter sind ihm klar. Er erkennt auch, dass es für die Zusammenarbeit durchaus nützlich wäre. Und trotzdem will er nicht: »Kamera? Ist überflüssig! Kein Mensch macht das in unserem Unternehmen.« Die Ursache für das »Ich will nicht« könnte hier Angst vor der Nonkonformität sein. Mit der Kamera würde er aus der Reihe tanzen. Er würde etwas anderes tun als das System, das Unternehmen. Es macht ihm Angst, dann anzuecken und nicht mehr dazuzugehören. Deswegen lehnt er die Kamera so vehement ab.

## Nr. 3: Ich will dich nicht

Die stärkste Form des Widerstands gegenüber einer Person ist das »Ich will dich nicht«: Hier ist Vertrauen zerstört. Vertrauen aufzubauen dauert relativ lange. Es zu zerstören geht schnell.

Wenn ein Change den nächsten jagt, gibt es oft viel verbrannte Erde, und das führt auch schon einmal dazu, dass die Führungskraft selbst verbrannt ist. Dieses Vertrauen wiederaufzubauen, Schritt für Schritt, nimmt viel Zeit und Geduld in Anspruch.

**BEISPIEL: ICH WILL DICH NICHT**

Der nur wenig technikaffine Mitarbeiter aus dem Beispiel oben hat mittlerweile ganz und gar den Anschluss an die technischen Neuerungen verpasst. Er sieht den Wald vor lauter Bäumen nicht mehr und mogelt sich so durch. Seine Motivation ist inzwischen bei null. Sein Chef hat ihn nicht unterstützt, sondern ihn gedrängt, »sich endlich mal auf Ballhöhe« zu bringen und immer weiter Druck aufgebaut. Er hat ihn sogar vor den anderen im Team mit kleinen Witzen über sein technisches Unvermögen lächerlich gemacht. Der Mitarbeiter hat kein Vertrauen mehr in seinen Chef. Er lehnt ihn völlig ab.

## Was Sie bei Widerstand tun können

Widerstand ist eine normale Reaktion auf schlechte Nachrichten, aber auch auf alles Neue und damit Ungewisse. Es ist eher ein Problem, wenn Widerstand ausbleibt.

Doch um Menschen im Widerstand in Bewegung zu bringen, reichen rein rationale Erklärungen, ein wohlüberlegter Plan und ein ausgereiftes Konzept nicht aus. Wir müssen tiefergehen, wenn wir Widerstände überwinden wollen. Das lässt sich gut anhand einer Eisberg-Metapher erklären.

Wir appellieren gerne an die Ratio, den Verstand der Mitarbeiter. Doch leider ist das nur die Spitze des Eisbergs. In tieferen Regionen befinden sich Ängste und andere Emotionen, Vertrauen und Bedürfnisse. Sie sind daher nicht direkt greifbar. Oft wird Information mit Kommunikation verwechselt. Informationen sprechen unsere Ratio an, bleiben also oberhalb der Oberfläche. Echte Kommunikation taucht ein, tief nach unten zum restlichen Eisberg.

Erst wenn wir verstehen, warum Menschen im Widerstand sind, können wir etwas tun. Es gibt keine geborenen Widerständigen, das hat bereits der Change-Experte Maurer in seinem Buch »Beyond the Wall of Resistance« festgestellt: Widerstand ist immer eine Reaktion auf etwas. Damit hängt Widerstand immer auch von unserer Person ab. Menschen reagieren auf das, was wir gesagt oder getan haben. Es ist keine Bewegung von vorne nach hinten, sondern vielmehr ein Tanz, der einmal vorwärts und dann wiederum rückwärts geht.

Wir können den Widerstand des anderen nur beeinflussen, wenn uns klar ist, dass auch wir von Menschen im Widerstand beeinflusst werden. Das heißt für uns, unsere Sicherheit aufzugeben. Wir lassen uns ein und lassen es zu. Das Hin-zu-dem-anderen gleicht einem Tanz zweier Partner. Einmal leiten und führen wir und einmal folgen wir. So kann Transformation stattfinden.

## Wie Sie anderen die Scheu vor der Technik nehmen

Scheu vor der Technik ist ein Dauerbrennerthema beim Führen auf Distanz. Vor allem ältere Mitarbeiter haben sie. Um ihnen die Angst vor dem Neuen zu nehmen und Widerstand zu begegnen, können Sie z. B. Reverse Mentoring einführen: Ein jüngerer Digital Native unterstützt den älteren erfahrenen Mitarbeiter, wenn es um Technik und Tools geht. Dafür hilft dieser den Jungen mit seinem Wissen und seiner Erfahrung. Solche Tandems lassen sich einfach und schnell etablieren.

Wir haben in Teams mit gemischter Technikaffinität auch sehr gute Erfahrungen mit einfachen Simulationen gemacht: Alle sitzen im Offline-Büro an ihren Schreibtischen, dennoch wird das

Meeting via Teams abgehalten. Nach 25 Minuten gibt es kurzes Feedback für Verbesserungen. Wenn es technisch holpert, ist der Anwendungscoach vor Ort, um sofort zu helfen. Meist reichen zwei bis drei dieser Simulationsrunden, bis sich auch technophobe Kollegen in der Handhabung der Technik sicher fühlen. Dieses Training ähnelt dem Schwimmunterricht, bei dem es am Anfang auch fein ist, wenn man eine Auftriebshilfe dabeihat, um nicht unterzugehen.

# Den neuen Führungsalltag leben

Aller Anfang ist schwer. Leichter wird es erst mit der Zeit und zunehmender Routine. Dieses nahezu universelle Prinzip gilt auch für das Führen auf Distanz.

In diesem Kapitel erfahren Sie u. a., wie Sie

- gute Gewohnheiten im virtuellen Team etablieren,
- Mitarbeiter aus der Ferne bei ihrer Weiterentwicklung unterstützen,
- sich stabile Netzwerke schaffen,
- den Boden für eine stabile Remote-Führungskultur bereiten.

# Erfolgsgewohnheiten etablieren

Um einen neuen virtuellen Führungsalltag zu leben, braucht es Zeit und Übung. Es ist wie mit dem Klavierspiel, das man auch nicht an einem Tag erlernt.

Fast die Hälfte unserer täglichen Handlungen sind keine bewussten Entscheidungen, sondern Routinen. Gewohnheiten erleichtern uns den Alltag, sie entlasten unser Gehirn. Im Prinzip entstehen sie, weil unser Gehirn nach Möglichkeiten sucht, sich weniger anzustrengen.

Das belegen Erkenntnisse aus der Wissenschaft, insbesondere Studien.

## Erkenntnisse aus der Wissenschaft

Wissenschaftler leiten Ratten wiederholt durch ein T-Labyrinth, in dem immer an derselben Stelle Schokolade versteckt ist. Beim ersten Mal wird geschnuppert, falsch abgebogen, das Gehirn ist hochaktiv. Wenn die Belohnung, hier die Schokolade, gefunden und das Ganze mehrfach wiederholt wurde, muss die Ratte nicht mehr nachdenken. Sie hat den Weg zur Schokolade verinnerlicht, die Gewohnheit gespeichert. Ein simpler Auslösereiz aktiviert dann das Umschalten in den automatischen Modus. Die Routine, die sich auf diese Art und Weise ausbildet, kann körperlicher, emotionaler oder auch mentaler Natur sein.

Ein anderes Beispiel ist das rückwärts Einparken. Anfangs sind wir hochkonzentriert, doch von Mal zu Mal wird es weniger anstrengend. Wir handeln quasi unbewusst, wenngleich zielgerichtet. Unser Gehirn wird entlastet und es werden Kapazitäten für anderes freigesetzt. Interessanterweise wird unsere Hirnaktivität während der Gewohnheitsschleife heruntergefahren, jedoch nicht am Anfang oder am Ende der Handlung. Das Gehirn muss offenbar zuerst erkennen, dass eine Routinehandlung eingeleitet werden soll. Am Ende realisiert es, ob es dafür belohnt wurde, so z. B. mit einer angenehmen Empfindung wie Freude oder Stolz. Nur dann entwickeln wir eine dauerhafte Routine.

Eine weitere interessante Erkenntnis ist, dass sich Gewohnheiten nur sehr, sehr schwer beseitigen lassen. Im Rattenversuch wurde die Belohnung ein paar Male woanders hingelegt, anschließend jedoch wieder an die ursprüngliche Stelle. Sofort war das Muster wieder da. Eine Gewohnheit verschwindet also nicht. Es wäre ja auch schrecklich, wenn wir nach jedem Winter wieder neu Fahrradfahren lernen müssten. Das erklärt auch, warum es so schwer ist, Neues zu tun. Die alten Pfade und Straßen in unserem Gehirn bleiben bestehen. Wir müssen erst neue neuronale Routinen schaffen, um die Kontrolle über bestehende Gewohnheitsschleifen zu übernehmen.

Unterstützt wird der Änderungsprozess mit wenigen definierten Schlüsselgewohnheiten, die zunächst identifiziert und dann als mächtige Hebel genutzt werden können. Und noch mehr begünstigt wird das Ganze, wenn wir es in einer Gruppe tun. Forscher fanden beispielsweise in einer Studie heraus, dass es adipösen Patienten mit wenigen kleinen Veränderungen leichter fiel abzunehmen. Statt ihr Essverhalten von Grund auf zu ändern, schrieben sie einmal pro Woche zu einer bestimmten Zeit alles auf, was sie aßen. Das Protokoll wurde zur Gewohnheit und mit der Zeit erkannten sie ihre Muster. Sie gewöhnten sich an, Obst zu essen, statt zu naschen, und bewegten sich mit der Zeit mehr. Das Esstagebuch wurde zur Schlüsselgewohnheit, die die Ausbildung anderer Gewohnheiten begünstigte. Nach sechs Monaten hatten die Patienten doppelt so viel Gewicht verloren wie eine andere Gruppe ohne solche Routinen.

## Neue Routinen im Team und Unternehmen schaffen

Wie können wir diese Erkenntnisse auf Veränderungen und Neuerungen in Unternehmen übertragen? Wie können wir die Macht der Gewohnheit in der virtuellen Zusammenarbeit nutzen?

In allen Organisationen gibt es Gewohnheiten. Solche institutionellen Gepflogenheiten existieren neben persönlichen Ritualen und denen von Gruppen und Teams. Empirische Befunde zeigen, dass der Weg zur Veränderung vor allem über die Veränderung von Gewohnheiten führt, indem wir alternative Routinen finden und implementieren. Dabei erhöhen sich die Erfolgschancen dramatisch, wenn wir dies in einer Gruppe tun bzw. mindestens zu zweit. Denn der Glaube an den Erfolg ist in

Change-Prozessen unerlässlich und dieser wächst bei gemeinschaftlichen Erfahrungen nochmals ein gutes Stück. Das zeigt auch das folgende Beispiel des US-amerikanischen Journalisten Charles Duhigg, der sich in einer seiner Publikationen eingehend mit der Macht der Gewohnheit beschäftigte.

**BEISPIEL: DIE MACHT DER GEWOHNHEIT**

Krisen sind Gelegenheiten, Rituale und Muster von Unternehmen anzupassen und neu auszurichten. Im US-amerikanischen Unternehmen Alcoa etablierte der Vorstandschef eine einzige neue Schüsselgewohnheit, um die hohe Zahl der Arbeitsunfälle zu verringern: Immer wenn ein Unfall passierte, mussten die Bereichsleiter nun binnen 24 Stunden Vorschläge dafür machen, wie er in Zukunft vermieden werden könnte. Der Vorstand knüpfte auch das Beförderungssystem an diese Regel. Jede Sparte musste ein neues Kommunikationssystem installieren, das es für die einfachen Arbeiter wie auch die Manager erleichterte, neue Vorschläge zu übermitteln. Schritt für Schritt änderten sich damit die firmeninternen schwerfälligen Verhaltensmuster. Die Kosten sanken und in der Konsequenz stiegen auch Qualität und Produktivität.

---

**Reflexion: Routinen schaffen**

Welche Rituale, welche Schlüsselgewohnheiten können Sie in Ihrem virtuellen Team implementieren? Welche davon sind ein wirksamer Hebel für bessere Kollaboration? Welche Schlüsselgewohnheit könnte bei Ihnen nützlich sein?

## Praxisbeispiel: Etablierung neuer Gewohnheiten

Einmal angenommen, Sie entscheiden sich mit Ihrem Team, eine Schlüsselgewohnheit zu ändern: Statt um die Produkte zu kreisen, wollen Sie künftig den Kundenfokus leben, also den Kunden bei der Entwicklung und Optimierung der Produkte stark miteinbeziehen. Doch wie lässt sich das in die Praxis umsetzen?

Sie identifizieren zunächst eine Schlüsselgewohnheit, die Sie dazu etablieren wollen: Künftig soll verstärkt das Feedback des Kunden eingeholt werden und in die Produktentwicklung und -optimierung einfließen.

Um diese Gewohnheit zu implementieren, braucht es Wiederholung. Dazu nutzen Sie am besten den Change-Loop, ein von uns entwickeltes Modell. Sie verknüpfen darin das neue Verhalten mit einem Auslösereiz und einer Belohnung.

- Identifizieren Sie einen Auslösereiz. Das ist idealerweise eine Handlung, die Sie mehrmals am Tag ausüben. Hier könnten es Kundentelefonate sein.

- Nun folgt der Loop: Der Auslösereiz wird verknüpft mit der neuen Schlüsselgewohnheit. Immer wenn ein Kunde anruft, wird dessen Feedback eingeholt, beispielsweise mit der 3-W-Methode (siehe das Kapitel »Feedback – elementar in der virtuellen Zusammenarbeit«). Geübt wird das zuvor in virtuellen Meetings, sodass jeder sicher in der Anwendung der Methode ist. Die Belohnung für diesen Loop: Mitarbeiter fühlen sich mehr gesehen. Das wirkt sich positiv auf ihre Motivation und die Arbeitsatmosphäre aus.

- Die Belohnung für diesen Loop: Zufriedene Kunden und zufriedene Mitarbeiter, positive Umsatzentwicklung.

Mit solchen Loops gelingt es mühelos, nach und nach eine Gewohnheit zu etablieren.

> **Reflexion: Etablierung von Gewohnheiten**
>
> Wie können Sie den Change Loop in Ihrem Team nutzen, um neue Rituale und neue Gewohnheiten zu implementieren? An welches Ritual können Sie gut andocken? Wie können Sie dazu die Energie und Dynamik Ihres Teams nutzen?

## Wiederholen und verstetigen der neuen Gewohnheiten

Um neue Gewohnheiten und Rituale zu etablieren, braucht es vieler Wiederholungen, damit diese sich bilden und festigen können. Forscher sind sich uneins, wie lange es braucht, damit ein neues Verhalten zur Gewohnheit wird. Einige gehen davon aus, dass sich neue Rituale nach circa drei Monaten dauerhaft im Gehirn verankern.

Damit korrespondiert auch eine Erfahrung, die viele von uns in der Corona-Krise machen konnten: War die im Rahmen des Lockdowns angeordnete Arbeit im Homeoffice zunächst noch völlig ungewohnt, wollten viele nach mehreren Monaten gar nicht mehr in die alte Normalität der Präsenzkultur zurück. Ein paar Monate haben genügt, hier eine neue Gewohnheit entstehen zu lassen.

## Unverzichtbar: Willenskraft

Bis uns eine Gewohnheit in Fleisch und Blut übergegangen ist, braucht es Durchhaltevermögen und Willenskraft – vor allem dann, wenn die erste Begeisterung für das Neue verflogen ist. Wie sieht es mit Ihrer Willenskraft aus?

### Unser Willenskraft-Muskel braucht Training und Entspannung

Willenskraft ist nicht nur eine Kompetenz, man kann sie auch trainieren wie einen Muskel. Dementsprechend kann sie auch erschlaffen, wie Forscher herausgefunden haben. In einem Experiment baten sie zwei Fokusgruppen zunächst, eine Mahlzeit auszulassen. Die hungrigen Probanden wurden in einen Raum geführt, in dem zwei Schüsseln standen: eine mit frisch gebackenen Keksen und eine mit Radieschen. Die eine Gruppe an hungrigen Probanden durfte nur Radieschen essen und sollte die Kekse ignorieren. Die zweite durfte sich am köstlich duftenden Gebäck bedienen. Die Keksesser waren im siebten Himmel. Die Radieschen-Gruppe erlitt Qualen, denn es brauchte so einiges an Willenskraft, um die leckeren Kekse zu ignorieren. Der Hauptpart des Experiments folgte im nächsten Schritt: Beide Gruppen sollten ein mathematisches Geduldspiel lösen. Die Keksesser blieben doppelt so lange bei der Aufgabe wie die Radieschenesser.

Das Experiment zeigt: Wenn wir etwas Neues angehen, ist es wichtig, dem Raum zu geben und unseren Willenskraft-Muskel zu schonen, damit wir dafür genügend Kraft und Durchhaltevermögen haben.

## Quelle für unsere Willenskraft: die Wertschätzung anderer

Das Verhalten von anderen hat entscheidenden Einfluss auf unsere Willenskraft. Vor allem Wertschätzung scheint ein mächtiger Hebel zu sein, was ein weiteres Keks-Experiment zeigt: Probanden wurden in zwei Gruppen eingeteilt, wieder mit dem Auftrag, die Kekse nicht zu essen. Die eine Gruppe wurde freundlich behandelt. Man erläuterte den Teilnehmenden das Experiment. Zudem wurden sie befragt, ob sie Ideen zur Verbesserung des Experiments hätten, und man bedankte sich auch für ihre Zeit. Die andere Gruppe wurde forsch behandelt. Man erläuterte ihr weder den Zweck des Experiments, noch machte man ihr Komplimente oder zeigte Interesse am Feedback der Probanden. Beide Gruppen schafften es, die Kekse zu ignorieren. Danach wurden sie gebeten, einen Zahlentest machen, eine Standardmethode zum Testen der Willenskraft. Hier trennte sich die Spreu vom Weizen. Die Gruppe, die höflich behandelt wurde, konnte sich gut auf den Test konzentrieren, während die andere Gruppe wegen Erschöpfung vorweg aufgab. Ihr Willenskraft-Muskel war durch die forschen Anweisungen offensichtlich schneller erschlafft.

## Handlungsmacht steigert Willenskraft

Ein weiterer entscheidender Einflussfaktor auf die Willenskraft ist das Gefühl, selbst die Zügel in der Hand zu haben. Wenn Menschen etwas tun sollen, was Selbstbeherrschung erfordert, ist es weit weniger anstrengend, wenn sie glauben, dass sie es aus eigenem Antrieb tun, wenn sie also das Gefühl haben, dass es eine bewusste Entscheidung ist, etwas, das ihnen Freude macht, oder weil es jemandem hilft. Wenn sie aber das Gefühl haben, es nur auf Anweisung zu tun, erschlafft ihr Willenskraft-Muskel viel schneller wieder.

Wenn Mitarbeiter eigenständig handeln können und echte Entscheidungskompetenz besitzen, steigert das ihre Leistungsmotivation und auch die Konzentration.

**BEISPIEL: ENTSCHEIDUNGSSPIELRAUM ERHÖHT WILLENSKRAFT**

Fließbandarbeiter steigerten ihre Produktivität um 20 %, nachdem man ihnen bei der Arbeitsplanung und Gestaltung der Arbeitsumgebung Entscheidungsspielräume gewährt hatte: Sie entwarfen ihre Dienstkleidung selbst und durften ihre Schichten selbst festlegen.

**Reflexion: Entscheidungsspielräume**

Wo können Sie Ihren Mitarbeitern mehr Entscheidungsspielräume gewähren? Wie können Sie die Eigenverantwortung und Selbststeuerung Ihrer Mitarbeiter stützen?

# Working Out Loud kompakt

Um den neuen Führungsalltag auf Distanz erfolgreich zu lernen und zu leben, ist es hilfreich, praktische Umsetzungstools zu nutzen. Ein Tool, das Sie dabei unterstützen kann, ist »Working Out Loud« , kurz: WOL. Die Ursprungsidee dafür stammt vom IT-Spezialisten Bryce Williams. Ihm ging es um das Sichtbarmachen der eigenen Arbeit und das Teilen seiner Erkenntnisse daraus in Netzwerken. Aus diesem Ansatz entwickelte der US-Amerikaner John Stepper dann die hier beschriebene WOL-Methode.

WOL hilft Ihnen dabei, berufliche Ziele über Beziehungen und ein Netzwerk zu erreichen. Dabei geht es nicht um ein simples Vernetzen, sondern vielmehr um die gezielte Investition in Beziehungen und proaktives Geben. Genau dieser Ansatz ist aus unserer Sicht für ein virtuelles Team hervorragend geeignet. Sie können damit Ihre Mitarbeiter in ihren Entwicklungszielen unterstützen. WOL ist die Methode, um sich in der Neuen Welt, in der wir leben, persönlich weiterzuentwickeln.

Die WOL-Methode fördert individuelle Kontakte, insbesondere funktionsübergreifende, indem sie die Kooperation unter Kollegen verbessert und zu informellen Hilfeleistungen ermutigt. Diese Kooperation kann sich wiederum später bei arbeitsbezogenen Themen positiv auswirken. Zudem hilft WOL dabei, Kommunikationswege abseits des Formalen aufzubauen und zu pflegen. Darüber hinaus führt WOL zum Erwerb neuer Kompetenzen, insbesondere wenn dabei digitale Tools und Medien genutzt werden.

WOL wirkt sich primär auf die persönliche Arbeitsweise und die informale Seite einer Organisation aus – beispielsweise weil man lernt, agiler und selbstorganisiert zu arbeiten und über den Tellerrand zu blicken. Wenn Sie WOL in Ihrem Team nutzen, entsteht Agilität und ein Gemeinschaftssinn. Die Beteiligten erlernen die Fähigkeit der Zusammenarbeit in Peers, was helfen kann, Silos abzubauen und starre Formalitäten zu umschiffen. Sie leisten freiwillig Mehrarbeit, ohne dabei die eigentlichen Ziele der Organisation aus den Augen zu verlieren.

## Wie funktioniert WOL?

In sogenannten WOL-Circles können die Teilnehmer gemeinsam in kleinen Schritten große Ergebnisse beim beruflichen Kontakteknüpfen erzielen und sich gegenseitig beim Erreichen ihrer Ziele unterstützen. Die Teilnehmenden an diesen Circles sucht man sich selbst im Kollegen- oder beruflichen Bekanntenkreis. Ein Circle besteht aus vier bis fünf Teilnehmern. Gemeinsam durchläuft man z. B. ein 12-wöchiges, genau angeleitetes Programm (die Guides dazu finden Sie unter https://workingoutloud.com/en/circle-guides), das pro Woche nicht mehr als eine Stunde Zeit in Anspruch nehmen sollte. Hierzu findet wöchentlich eine Session statt, entweder digital oder persönlich vor Ort.

## 7-Wochen-Kompaktprogramm

Wir haben für Sie ein 7-Wochen-Kompaktprogramm zum Ausprobieren zusammengestellt.

▪ **Woche 1:** In der ersten Woche konkretisiert jeder gemeinsam mit der Gruppe sein Ziel. Wichtig ist hier auch die Frage, wer Sie auf dem Weg zum Ziel unterstützen kann. Diese Personen notieren Sie auf einer sogenannten Beziehungsliste. Um sich sichtbarer zu machen und besser selbst zu vermarkten, brauchen Sie Beziehungen und können zusätzlich von anderen lernen, die das Ziel schon erreicht haben.

▪ **Woche 2:** In dieser Woche geht es darum, den Menschen aus Ihrer Beziehungsliste etwas Gutes zu tun, nach dem Motto: Erst geben, dann nehmen. Beispiel: Schenken Sie einer

Person aus der Liste Aufmerksamkeit. Folgen Sie ihr in den sozialen Medien, teilen Sie im Intranet ihre Beiträge oder liken Sie sie. In der gemeinsamen wöchentlichen Circle-Session werden diese Bemühungen diskutiert. Es geht darum, großzügig zu sein und sich zunächst von den angestrebten Ergebnissen zu lösen.

- **Woche 3:** Blocken Sie für die nächsten vier Wochen vier Termine mit sich selbst im Kalender. Hier reichen auch schon kleine Zeitfenster. Das kommunzieren Sie auch den anderen Circle-Mitgliedern, damit Sie sich noch mehr verpflichtet fühlen, sich an diesen Terminen Zeit für sich selbst zu gönnen. Das zweite To-do der Woche 3: Bedanken Sie sich bei zwei Personen, die Ihnen etwas Gutes getan haben, mit einer netten E-Mail – ohne eine Gegenleistung dafür zu erwarten.

- **Woche 4:** Das Zauberwort für die vierte Woche heißt »Empathie«. Im Circle werden die E-Mails von Woche 3 auf ihren Empathie-Gehalt untersucht. Sie prüfen dazu gemeinsam, ob die Wertschätzung auch wirklich beim anderen angekommen ist. Dann bietet jeder Teilnehmer einen empathischen Beitrag an, und zwar so: Sie versetzen sich in den anderen hinein und fragen sich: Wie zeige ich Wertschätzung? Vielleicht stellen Sie dem anderen eine für ihn interessante Person vor oder machen ihm für etwas ein Kompliment oder bedanken sich bei ihm für etwas.

- **Woche 5:** In dieser Woche überlegen Sie sich, was Sie als Persönlichkeit ausmacht und für andere nahbar macht. Jeder der Circle-Mitglieder schreibt 50 Dinge auf, die ihn zu dem gemacht haben, was er ist. Nehmen Sie Kontakt zu einigen Personen auf Ihrer Beziehungsliste auf (siehe Woche 1). Reden Sie mit ihnen darüber, wie Sie mit Ihren Stärken auch andere unterstützen können.

- **Woche 6:** In der sechsten Woche schreiben Sie einen Brief an sich selbst aus der Zukunft in 12 oder 36 Monaten. Hier geht es darum, sich auszumalen, wie Sie rückblickend Ihr Ziel erreicht haben. Die Inhalte der Briefe werden in der wöchentlichen Session mit den anderen Circle-Mitgliedern diskutiert.

- **Woche 7:** Bauen Sie Ihre Komfortzone aus und entwickeln Sie neue Gewohnheiten. Am besten docken Sie hierfür an bestehende Routinen an und erweitern diese. Beispiel: Wenn Sie bisher schon gejoggt haben, machen Sie jetzt noch ein paar zusätzliche Übungen für Ihre Wirbelsäule oder Sit-ups. Dokumentieren Sie Ihren Fortschritt und besprechen Sie alles in Ihrem Circle.

Das Ende des Circles bildet eine Abschlussbesprechung, in der Sie Ihre Erfolge auch kräftig feiern dürfen.

## Die WOL-Grundprinzipien

Es gibt fünf WOL-Grundprinzipien, an denen sich die Circles orientieren:

1. Beziehungen pflegen – Lernen über den Austausch mit anderen

2. Miteinander wachsen – die Teilnehmer sind offen, neugierig und bereit, ihre Komfortzone zu verlassen

3. Eigene Arbeit sichtbar machen – Wissen vermehrt sich, wenn man es teilt

4. Großzügigkeit – Vernetzen bedeutet: freigiebig teilen

5. Zielgerichtete Weiterentwicklung – klarer Fokus auf den Purpose

> Installieren Sie WOL in einem der nächsten Teammeetings. Sie werden sehen, Ihre Mitarbeiter werden es lieben. WOL schafft Motivation und verbindet Menschen im virtuellen Raum miteinander. Ganz nebenbei verstärkt es auch noch den Willen, die eigenen Ziele zu erreichen.

# Nicht stehenbleiben! Weiterentwicklung für Führungskräfte

Praktisch alle Karrierestudien haben Entwicklungsbereitschaft als wesentlichen Erfolgsfaktor ausgewiesen. Wie steht es um Ihre Entwicklungsbereitschaft? Sicherlich gut, sonst würden Sie diesen TaschenGuide nicht in den Händen halten. Und sicher wissen Sie auch, dass immer Luft nach oben ist, wenn es um Entwicklung geht. Das gilt vor allem für Führungskräfte. Denn wer stehenbleibt, wird irgendwann überholt.

Was wir in unserer eigenen Entwicklung als Führungskräfte machen: Wir stellen uns selber in regelmäßigen Abständen auf den Prüfstand mithilfe von 360° Standortbestimmungen, in Führungsassessments oder durch einfaches Feedback von Mitarbeitern, Kollegen und Chefs.

Wir tun das regelmäßig, weil es sich beim Führen ähnlich verhält wie bei der körperlichen Fitness. Man muss immer dranbleiben, sonst verblasst die Wirkung und Fehler oder Bequemlichkeit schleicht sich ein.

Impulse von außen holen wir uns, weil das Eigenbild nicht immer dem Fremdbild entsprechen muss. In der Führung ist es wie bei Künstlern. Sie können ihr Bild noch so schön finden – wenn kein anderer diese Auffassung teilt, bleiben sie erfolglos. Führung ist Dienstleistung – egal ob vor Ort oder auf Distanz. Sie muss den Kunden gefallen: den Mitarbeitern, den Vorgesetzten.

In Kooperation mit dem Schweizer Unternehmen IMDE, welches sich auf Diagnostik und digitalisiertes Recruiting spezialisiert hat, haben wir in diesem Kontext ein besonderes Angebot für Sie. Als Leser dieses TaschenGuides stellen wir Ihnen ein Tool zur Verfügung, mit dem Sie kostenlos eine Eigeneinschätzung zu Ihren Führungsstärken vornehmen können:

Der Talent Developer ist seit über 30 Jahren weltweit im Einsatz, wird kontinuierlich weiterentwickelt und liefert Ihnen eine Benchmark zu anderen erfolgreichen Führungskräften. Sie erfahren also Ihre Stärken im Vergleich zu anderen, was die höchste Praxisnähe garantiert.

Nehmen Sie sich eine halbe Stunde Zeit, öffnen Sie den Fragebogen via QR-Code oder Link und los geht's. Ihre Ergebnisse werden Ihnen per Mail zugesendet.

Ihr Link zur Potenzialanalyse:

www.imde.net/minipep/start.asp?t=2&idc=00700&ide=71800&lng=GER

# Die Elemente einer virtuellen Führungskultur

Kultur ist nicht etwa ein Wertekanon oder ein Regelwerk, das irgendwann einmal formuliert wurde, sondern sie ist die Summe aller gelebten Werte. Sie zeigt sich darin, wie Menschen in einer Organisation handeln, wie sie miteinander umgehen.

Wer eine starke virtuelle Führungskultur will, muss sie nicht nur aushalten können, sondern auch ganz bewusst fördern und wollen. Hier nochmals zusammengefasst die wichtigsten Bausteine, mit denen Sie die virtuelle Führungskultur zum Leben erwecken.

## Vertrauen

Ganz an der Spitze steht Vertrauen – das Vertrauen, dass Mitarbeiter sich einbringen wollen, dass sie ihr Bestes tun, und zwar aus sich selbst heraus.

## Fehler sind okay

Edison brauchte 10.000 Versuche, bis die Glühlampe endlich brannte, Sir James Dyson entwickelte 5.100 Versuchsmodelle, bis sein beutelfreier Staubsauger endlich marktreif war. Und manche Marktrevolutionen waren ursprünglich einfach Fehlentwicklungen wie die Post-its von 3M.

Dies zeigt: Fehler sind kein Makel, nichts Schlimmes, sondern sie bieten die Chance, aus ihnen zu lernen. Auch in einer virtuellen Führungskultur scheuen Sie Fehler nicht, sondern Sie ermutigen Ihre Mitarbeiter, aus Fehlern zu lernen. Das bedeutet gleichzeitig, dass es okay sein muss, auch Fehler zu machen, selbst wenn sie unangenehm oder teuer oder beides zusammen sind. Das heißt natürlich nicht, dass immer wieder die gleichen Fehler passieren sollten. Ein gutes Fehlermanagement sollte die Beteiligten unterstützen, diese nicht in Serie zu wiederholen.

## Unterstützung statt Bewertung

*»Man muss sich gegenseitig helfen, das ist ein Naturgesetz.«*
(Jean de La Fontaine)

Führungskräfte, die meinen, ihre Arbeit sei mit der Verteilung und Beurteilung von Arbeit getan, irren. In der modernen Führungskultur geht es darum, nicht statisch zu beurteilen, sondern dynamisch dafür zu sorgen, dass alle im Team unterstützt werden, wo sie es benötigen. Die Rolle als Coach ist zunehmend wichtiger geworden. Daher sind Unternehmen gut beraten, Entwicklungsprogramme für die eigenen Führungskräfte zu forcieren, um deren Fähigkeiten als Coach zu steigern. Daher bieten wir inzwischen auch eigene Online-Kurse zu dem Thema an.

## Virtuelle Präsenz

Ihre Mitarbeiter kennen Sie nur als Kachel mit Initialen auf dem Bildschirm? Der virtuelle Raum ist anonym genug. Zeigen Sie so viel virtuelle Präsenz wie möglich. Daher: Kamera an, damit Ihr Team Sie intensiv wahrnehmen kann.

## Sie sind das Vorbild ...

Gehen Sie mit gutem Beispiel voran. Seien Sie Influencer, Vorreiter für Ihre Mitarbeiter. Ob neue Tools, innovative Technik oder eine andere Art der Kollaboration – bleiben Sie am Puls der Zeit und begeistern Sie Ihre Mitarbeiter für lohnende Neuerungen. Nur dann sind diese bereit, Sie auf Ihrem Weg zu begleiten.

Wenn es Ihnen gelingt, eine starke virtuellen Führungskultur zum Leben zu erwecken, fördern Sie damit zugleich die Bereitschaft von Mitarbeitern, Verantwortung für ihren Beitrag zu übernehmen.

## Einfach tun!

Es ist simpel: Fangen Sie einfach an. Suchen Sie sich das einfachste Thema, das den schnellsten Gewinn verspricht, und beginnen Sie damit. Denn nichts motiviert so stark wie realisierte Erfolge.

Einfach beginnen ist Ihnen zu riskant? Minimieren Sie Risiken, indem Sie die möglichen Startaktionen analysieren. Hier hilft z. B. eine einfache »Aufwand – Ertrag – Risiko«-Matrix, in der Sie für sich Klarheit schaffen, welche virtuelle Führungsmethode Sie als erste einsetzen.

Oder Sie setzen dort an, wo der Schmerz im Team gerade am höchsten ist. Fragen Sie mal nach, was die meisten Mitarbeiter von langen Online-Meetings halten ... Für viele sind sie ein absolutes No-Go. Mit den richtigen agilen Methoden bringen Sie frischen Wind in eingefahrene, problematische Strukturen (mehr dazu lesen Sie im TaschenGuide »So geht Agilität«).

Das kostet Sie nur ein wenig Aufwand. Auch das Risiko in der Umsetzung ist gering. Und schwupps haben Sie bereits einen Painpoint ausgemerzt! Ein voller Erfolg, mit wenig Aufwand und viel Effekt, der nicht nur Zeit spart und bessere Ergebnisse bringen wird, sondern noch etwas viel Wichtigeres: einen weiteren Baustein für Ihre virtuelle Führungskultur ...

Und nun: Legen Sie los! Bauen Sie Ihre Führung auf Distanz auf und stärken Sie sie. Wir freuen uns, wenn wir Sie dabei nicht nur virtuell dabei begleiten dürfen. Schreiben Sie uns:

change@nickelundkeil.com.

# Literatur

Doerr, John: OKR: Objectives & Key Results – Wie Sie Ziele, auf die es wirklich ankommt, entwickeln, messen und umsetzen, München 2018.

Eikenberry, Kevin/Wayne, Turmel: The long distance leader, Oakland, USA 2018.

Gray, Doug: Objectives + Key Results (OKR) Leadership: How to apply Silicon Valley's secret sauce to your career, team or organization von, Franklin, USA 2019.

Hale, Justin/Grenny, Joseph: How to Get People to Actually Participate in Virtual Meetings. Harvard Business Review Online. 9. März 2020: https://hbr.org/2020/03/how-to-get-people-to-actually-participate-in-virtual-meetings (letzter Aufruf am 20.11.2020)

Nickel, Susanne/Keil, Gunhard, So geht Agilität, Freiburg, München 2020.

Niven, Paul/Lamorte, Ben: Objectives and Key Results – Driving Focus, Alignment and Engagement with OKRs, New Jersey, USA 2016.

# Stichwortverzeichnis

3-W-Methode  110
5-Stufen-Modell, Argumentation  216

Agilität  174

Belohnung  56
Bewältigungsstrategie, Konflikt  133
Blickkontakt  55
Brainstorming  158

CFR  188
Change-Loop  234
Change-Prozess  138, 221
Chat  82
Coaching  72
Co-Creation  156
Coronakrise  42

Delegation  114
Design Thinking  160
Dienstleistungsmindset  65
Distanzzonen  19

Eigenverantwortung  37, 69, 184
Eisberg-Modell  226
E-Mail-Spamming  79
Empowerment  70
Entwicklungsmindset  120
Erfolgsrituale  195
Ergebnis-Methode  89

Feedback  107
Feedback-Vollversion  110
Fremdbild  40

Führen vs. Managen  10
Führungskompetenz  51
Führungsstil  46
Führungszyklus  115

Golden Circle  214

Homeoffice  18, 21, 172

Identität  43
Incentivierungssystem  170
Influencer  68

Kollaborationstool  202
Kommunikation  74
Kommunikationsplan  85
Kommunikationsregeln  84
Konfliktarten  132
Konfliktlösung  126
Kontaktdichte  76
Kopfstand-Methode  159

Management by Objectives  88
Marke  205
Medieneinsatz  78
Meeting-Disziplin  103
Meetingkultur  95
Mindset  59
Mitarbeitergespräch  122
Moderation  100
MTV-Modell  146

Netzwerken  171
Neurobiologie  52
Nickel&Keil Umsetzungsmodell  57

Objectives and Key Results 179
Onboarding 140
Opfer-Gestalter-Modell 35

Pacing 54
Performance Review 188
Pinnwand 83
Präsenz 192, 205

Qualitätssteigerung 177

Recruiting 140
Rollenmodell 152
Rückbestätigungstechnik 119

Schlüsselgewohnheit 231
Selbstdisziplin 38
Selbstführung 34
Silomentalität 163
Skalierungsfrage 73
Skillset 61
SMART-Formel 89
Social Collaboration Tool 168
Social Framing 99
Software 200
Spiegelneuronen 52
Sprint 177

STAR-Formel 207
Storytelling 213
Strategie 147
Stresserkrankung 43

Teamidentität 149
Teamkompetenzen 150
Team-Netiquette 77
Team-Psycho-Hygiene 193
Toolset 60
Transformationale Führung 67
Transparenz 185

Vertrauensbildung 76
Vertrauensformel 28
Videokonferenz 201
Video-Konferenz 80
Vision 145
VUKA-Welt 165

Walt-Disney-Methode 159
Wertekatalog 22
Widerstand 222
Willenskraft 236, 237
WOL-Methode 238

Zielvereinbarung 92

# Impressum

**Bibliografische Information der Deutschen Nationalbibliothek**
Die Deutsche Nationalbibliothek verzeichnet diese Publikation in der Deutschen Nationalbibliografie; detaillierte bibliografische Daten sind im Internet über http://www.dnb.dnb.de abrufbar.

| | | |
|---|---|---|
| **Print:** | ISBN: 978-3-648-14778-8 | Bestell-Nr.: 10609-0001 |
| **ePub:** | ISBN: 978-3-648-14779-5 | Bestell-Nr.: 10609-0100 |
| **ePDF:** | ISBN: 978-3-648-14780-1 | Bestell-Nr.: 10609-0150 |

Susanne Nickel, Gunhard Keil
**Führen auf Distanz**
1. Auflage 2021

© 2021, Haufe-Lexware GmbH & Co. KG, Munzinger Straße 9, 79111 Freiburg
Redaktionsanschrift: Fraunhoferstraße 5, 82152 Planegg/München
Internet: www.haufe.de
E-Mail: online@haufe.de

Redaktion: Jürgen Fischer
Konzeption, Realisation und Lektorat: Nicole Jähnichen, www.textundwerk.de
Bildnachweis (Cover): © j-mel, Adobe Stock, Jurga Graf (Fotografie)
Bildnachweis (Innenteil): Claudia Bingel

# Die Autoren

## Susanne Nickel

ist *die* Expertin für Change 4.0, innovative Leadership und Recruiting. Sie ist eine von 18 Frauen der Top100Speaker im deutschsprachigen Raum und brennt mit Leib und Seele für agilen Change. Auch in ihrer eigenen Karriere hat sie bereits viele Veränderungen erfolgreich gemeistert. Ihre Stationen: Managerin und Unternehmensberaterin bei Kienbaum und Haufe, Pressesprecherin und gefragte TV-Expertin. Sie ist in fast allen DAX-30-Unternehmen ein- und ausgegangen. Vom Change im Mindset bis zur erfolgreichen Implementierung begleitet sie Unternehmen auf dem Weg zu mehr Agilität im Dschungel der digitalen Transformation. Susanne Nickel lebt, was sie lehrt. Sie ist Rechtsanwältin, Wirtschaftsmediatorin, Management-Beraterin und Top Executive Coach. Die Autorin von mittlerweile vier Büchern hat Tanz an der renommierten Folkwang-Hochschule bei Pina Bausch studiert und verbindet das, was Unternehmen für jeden Change brauchen, in der richtigen Mischung: Struktur und Kreativität, Ratio und Emotio. Ihr Credo: Change kann Spaß machen!

## Gunhard Keil

ist IT-Unternehmer, Unternehmensberater, Professional Keynote Speaker und zertifizierter Aufsichtsrat (CSE). Er berät Vorstände von internationalen Konzernen in allen Themen rund um die Digitalisierung, ist gefragter Verhandlungsexperte und begleitet als Top Executive Coach Unternehmer auf ihrem Weg an die Spitze. Seine Führungserfahrung hat er in der automotiven Industrie an der Schnittstelle Logistik und IT gesammelt, unter anderem auch als Mitglied des Executive Boards eines 1.800 Mitarbeiter starken IT-Service-Unternehmens. Gemeinsam mit zwei Partnern gründete er 2018 die digitalsee GmbH, ein agiles Digitalisierungsunternehmen, welches sich auf Projektmanagement, IT-Service und New Work spezialisiert hat. Der Jurist und Psychologe lehrt bzw. lehrte als Dozent an der WU Executive Academy, am IMC Krems und an der FH Wiener Neustadt. In seiner Freizeit widmet er sich ehrenamtlich der Arbeit für Menschen mit Behinderung.

Gunhard Keil und Susanne Nickel sind beide Geschäftsführer in der gemeinsam gegründeten Unternehmensberatung Nickel&Keil. Mehr zu den Autoren via www.nickelundkeil.com.